钢筋混凝土结构施工图交底

主　编　乔　丽　杨亚琴

副主编　钟齐超　黄久林

参　编　周巧伶　吴梦婷　艾郁香

　　　　肖　明　周伟卫　陈　昊

　　　　熊　颖

北京理工大学出版社

BEIJING INSTITUTE OF TECHNOLOGY PRESS

内 容 简 介

本书依据《一体化课程规范技术规程》，结合建筑行业最新版《钢筋混凝土施工图平面整体表示方法制图规则和构造详图》系列（22G101 系列图集）国家标准及相关规范要求编写，以"一体化"的组织形式及思路展开钢筋混凝土结构施工图的识读，将平法施工图的识读知识以典型工作任务的形式呈现给读者。本书分为七个学习任务，即结构设计总说明、基础、柱、梁、板、剪力墙、楼梯结构，并开发了配套的工作页。

本书适合作为建筑工程施工、工程造价及相关行业用书，也适合作为相关工程技术人员的工作参考书。

图书在版编目（CIP）数据

钢筋混凝土结构施工图交底 / 乔丽，杨亚琴主编 .
-- 北京 : 北京理工大学出版社，2025. 1.
ISBN 978-7-5763-4733-3

Ⅰ . TU755

中国国家版本馆 CIP 数据核字第 20255MF716 号

责任编辑: 王梦春　　**文案编辑:** 辛丽莉
责任校对: 周瑞红　　**责任印制:** 施胜娟

出版发行 / 北京理工大学出版社有限责任公司

社　　址 / 北京市丰台区四合庄路 6 号

邮　　编 / 100070

电　　话 /（010）68914026（教材售后服务热线）
　　　　　　（010）63726648（课件资源服务热线）

网　　址 / http://www.bitpress.com.cn

版 印 次 / 2025 年 1 月第 1 版第 1 次印刷

印　　刷 / 定州市新华印刷有限公司

开　　本 / 889 mm×1194 mm　1/16

印　　张 / 13.5

字　　数 / 283 千字

定　　价 / 89.00 元

前言

　　党的二十大报告指出："培养造就大批德才兼备的高素质人才，是国家和民族长远发展大计。"本书依据《一体化课程规范技术规程》，结合建筑行业最新版《钢筋混凝土施工图平面整体表示方法制图规则和构造详图》系列（22G101 系列图集）国家标准及相关规范要求编写，以"一体化"的组织形式及思路展开钢筋混凝土结构施工图的识读。本书在开发过程中，以企业调研为依据、以工作过程为主线、以能力培养为中心，将钢筋混凝土结构设计总说明和基础、柱、梁、板、剪力墙、楼梯的平法施工图的识读知识以典型工作任务的形式呈现给读者，引领以读者为中心，从课堂情境转向工作情境的教学改革，真正做到"学中做、做中学"。通过本书的学习，读者既能够完整掌握钢筋混凝土结构施工图的识读，又能够促进知识与技能、过程与方法、情感态度与价值观学习的统一。

　　本书主要面向建筑工程领域的施工人员、监理人员、造价人员以及相关行业从业人员。对于施工人员而言，施工图是顺利开展施工操作、确保工程质量的基础；对于监理人员而言，施工图是进行质量监督和控制的指南；对于造价人员而言，施工图是工程设计阶段的最终成果，同时也是计算工程造价的主要依据。

　　本书内容系统全面，涵盖了钢筋混凝土结构施工图的基本组成、表示方法、制图标准等基础知识；深入剖析了梁、板、柱、基础等主要构件的施工图识读要点和难点；结合了大量实际工程案例进行详细讲解，使读者能够直观地理解和掌握相关知识。同时，本书还着重介绍了施工图交底的流程、方法和注意事项，强调了在实际工程中如何准确、清晰地进行技术交底，以免因沟通不畅而导致的施工错误。

　　此外，本书在编写过程中紧密结合行业最新标准和规范，力求反映当前钢筋混凝土结构施工图设计与施工的最新技术和发展趋势。通过本书的学习，读者不仅能够提升自身识读和交底钢筋混凝土结构施工图的能力，还能更好地适应建筑行业的发展需求，为今后的职业发展打下坚实的基础。

希望本书能成为广大读者在建筑工程领域学习和工作中的得力助手，为推动我国建筑工程事业的发展贡献一份力量。

由于时间仓促和作者的水平有限，书中难免存在不足之处，恳请广大读者提出宝贵意见和建议，以便我们不断完善。

编　者

目录

学习任务一
结构设计总说明交底

职业能力目标

1. 领取工作页中的任务，明确任务要求。

2. 能够知道抗震等级、设防烈度、砼保护层厚度等专业词汇。

3. 能够知道结构设计总说明中参数取值的依据。

4. 会从结构设计总说明中独立获取工程项目的结构关键信息。

5. 能够掌握结构设计总说明的格式与表达方式。

6. 能制作一份结构设计总说明交底记录表。

7. 能实施指定结构设计总说明的施工图交底，并形成记录。

8. 能正确整理交底资料，清晰地反馈交底成果。

9. 能结合任务完成情况，正确规范地撰写工作总结。

职业素养目标

1. 具备查阅任务单、国家规范和技术标准等相关资料的能力，具有自主探究及信息检索与处理能力。

2. 能准确识读图纸中重要信息，并协调各方开展施工图交底工作，具有良好的理解与表达及团队沟通与协作能力。

3. 能以严谨的态度对待施工图交底工作、跟进施工问题展现严谨细致的工作作风和精益求精的工匠精神。

建议学时

10 学时

 结构设计总说明导读

结构设计总说明是带全局性的文字说明，是统一描述某工程有关结构方面共性问题的图纸，一般处于一套完整结构施工图的最首页位置。结构设计总说明是结构施工图中非常重要的部分。作为施工人员，通过阅读结构设计总说明，可以了解工程的总体情况以及特殊情况，如桩基及地基处理的要求等；还可以了解一些常用的结构构造做法，以积累工程经验。

结构设计总说明主要包括以下部分。

（1）工程概况：工程所在位置、建筑功能相关描述、建筑高度、结构体系选型。

（2）设计依据：工程设计所依据的规范、图集、文本文件等。

（3）建筑结构的安全等级及设计使用年限、建筑抗震设防类别、地基基础设计等级、基础形式等。

（4）自然条件：工程所处场地的自然条件，包括抗震设防烈度、基本风压、基本雪压、工程地质概况、地下水的埋置深度及对混凝土的侵蚀性、冻结深度、各土层的描述等。

（5）场地的自然地面标高，与设计标高 ±0.000 相当的绝对标高值。

（6）设计遵循的规范、规程和规定及所采用的计算程序。

（7）结构设计荷载取值。

（8）结构材料及连接材料的品种、规格、型号、强度等级、安全等级、裂缝控制等级和质量要求。

（9）本工程各类结构的统一做法和要求，如混凝土构件的钢筋保护层厚度、纵向钢筋锚固长度和搭接长度、纵向受力钢筋的最小配筋率、箍筋的做法等。

（10）建筑物耐火等级和构件耐火极限，钢结构的防火、防腐、防护、施工安装要求等。

（11）施工注意事项，如后浇带、施工顺序、楼面允许施工荷载、预应力结构、钢结构专项施工说明、各类地基的施工及验收要求等。

（12）其他需要明确的要求。

 **结构设计总说明内容识读**

下面简要介绍结构设计总说明中的部分主要内容。

1.2.1　工程概况

这部分主要描述建筑结构基本信息，如建筑层数、建筑高度、结构类型、设计使用年限、耐久性等。

1. 设计使用年限

设计使用年限是指房屋建筑在正常设计、正常施工、正常使用和维护下所应达到的使用年限。在这一规定的时间内，结构或构件无须进行大修即可按其预定目的使用。根据我国《建筑结构可靠性设计统一标准》（GB 50068—2018），建筑结构的设计使用年限，应按表 1-2-1 采用。一般在结构设计总说明中会注写该工程的设计使用年限。

表 1-2-1　建筑结构的设计使用年限

序号	类别	设计使用年限 / 年
1	临时性建筑结构	5
2	易于替换的结构构件	25
3	普通房屋和构筑物	50
4	标志性建筑和特别重要的建筑结构	100

2. 建筑结构安全等级

进行结构设计时，应根据结构破坏可能产生的后果，即危及人的生命、造成经济损失、对社会或环境产生影响等的严重性，采用不同的安全等级。建筑结构安全等级可分为一级、二级、三级。一般在结构设计总说明中会注写该工程的安全等级。常见普通建筑结构安全等级一般为二级。

3. 结构体系

多、高层钢筋混凝土房屋常用的结构体系有框架结构体系、剪力墙结构体系、框架—剪力墙结构体系和筒体结构体系等。结构设计总说明中也会注明该建筑所采用的结构体系。

4. 使用环境类别

混凝土结构的使用环境类别如表 1-2-2 所示。结构设计总说明中会注写建筑结构所处的环境类别。

表 1-2-2 混凝土结构的使用环境类别

环境类别	条件
一	室内干燥环境；无侵蚀性静水浸没环境
二 a	室内潮湿环境；非严寒和非寒冷地区的露天环境；非严寒和非寒冷地区与无侵蚀性的水或土壤直接接触的环境；严寒和寒冷地区的冰冻线以下与无侵蚀性的水或土壤直接接触的环境
二 b	干湿交替环境；水位频繁变动环境；严寒和寒冷地区的露天环境；严寒和寒冷地区冰冻线以上与无侵蚀性的水或土壤直接接触的环境
三 a	严寒和寒冷地区冬季水位变动区环境；受除冰盐影响环境；海风环境
三 b	盐渍土环境；受除冰盐作用环境；海岸环境
四	海水环境
五	受人为或自然的侵蚀性物质影响的环境

注：（1）室内潮湿环境指构件表面经常处于结露或湿润状态的环境。

（2）严寒和寒冷地区的划分应符合现行国家标准《民用建筑热工设计规范》（GB 50176—2016）的有关规定。

（3）海岸环境和海风环境宜根据当地情况，考虑主导风向和结构所处逆风、背风部位等因素的影响，由调查研究和工程经验确定。

（4）受除冰盐影响环境是指受到除冰盐盐雾影响的环境；受除冰盐作用环境是指被除冰盐溶液溅射的环境以及使用除冰盐地区的洗车房、停车楼等建筑。

（5）露天环境是指混凝土结构表面所处的环境。

建筑结构抗震基本知识

1.2.2 工程抗震设计

1. 抗震设防类别

根据建筑遭遇地震破坏后，可能造成人员伤亡、直接和间接经济损失、社会影响的程度及其在抗震救灾中的作用等因素，按照现行国家标准《建筑工程抗震设防分类标准》（GB 50223—2008），各类建筑工程可分为以下四个抗震设防类别。结构设计总说明中会注明建筑的抗震设防类别。

（1）特殊设防类（简称甲类）：指使用上有特殊设施，涉及国家公共安全的重大建筑工程和地震时可能发生严重次生灾害等特别重大灾害后果，需要进行特殊设防的建筑。

（2）重点设防类（简称乙类）：指地震时使用功能不能中断或需尽快恢复的生命线相关建筑，以及地震时可能导致大量人员伤亡等重大灾害后果，需要提高设防标准的建筑。

（3）标准设防类（简称丙类）：指大量的除（1）、（2）、（4）款以外按标准要求进行设防的建筑。

（4）适度设防类（简称丁类）：指使用上人员稀少且震损不致产生次生灾害，允许在一定条件下适度降低要求的建筑。

2. 抗震设防烈度

一个地区 50 年内超越概率为 10% 的地震烈度。按国家规定权限批准作为一个地区抗震设防的地震烈度。现行国家标准《建筑抗震设计标准（2024 年版）》（GB/T 50011—2010）（以下简称《建筑抗震设计标准》）中明确抗震设防烈度必须按国家规定的权限审批、颁发的文件（图件）确定。我国具体地区的抗震设防烈度、设计基本地震加速度值和设计地震分组也可通过《建筑抗震设计标准》附录 A 查找。结构设计总说明中会注明该工程所属地区的抗震设防烈度。

3. 抗震等级

依据《建筑抗震设计标准》，按"建筑物重要性分类与设防标准"，根据烈度、结构类型和房屋高度等，而采用不同抗震等级进行的具体设计。以钢筋混凝土框架结构为例，抗震等级划分为一级至四级，以表示其很严重、严重、较严重及一般四个等级。具体工程不同结构构件的抗震等级也会在结构设计总说明中详细注明。

1.2.3　建筑结构荷载

1. 楼面荷载

根据《建筑结构荷载规范》（GB 50009—2012），民用建筑常见部位楼面（屋面）均布活荷载的标准值如表 1-2-3 所示。具体工程不同部位的荷载取值会在结构设计总说明的荷载取值表中详细列出。

表 1-2-3　均布活荷载的标准值　　　　　　　　　　　　　　　　单位：kN/m²

位置	标准层								屋面层	
使用功能	住宅、办公	教室、食堂	商店、车站	卫生间	阳台	走廊	楼梯	机房	上人屋面	不上人屋面
活荷载取值	2.0	2.5	3.5	2.5	2.5	2.5	3.5	7.0	2.0	0.5

注：除上述已标明的荷载外，其余未注明的荷载按《建筑结构荷载规范》（GB 50009—2012）的规定取值。施工时不能超过本表设计荷载，否则另行处理。

2. 风荷载

根据《建筑结构荷载规范》（GB 50009—2012），确定地面粗糙度类别、按照 50 年重现期确定基本风压等。具体工程的基本风压值、地面粗糙度类别等信息均会在结构设计总说明中列明。

1.2.4　地基及基础

地基基础设计主要依据现行国家标准《建筑地基基础设计规范》（GB 50007—2011）及《建筑桩基技术规范》（JGJ 94—2008）相关规定进行设计及选用。根据《建筑地基基础设计规范》（GB 50007—2011）的有关规定，地基基础设计时应根据地基复杂程度、建筑物规模和功能特征以及由于地基问题可能造成建筑物破坏或影响正常使用的程度分为三个设计等级，按表1-2-4选用。一般在结构设计总说明中详细注写该项目地基基础设计等级。

表 1-2-4　地基基础设计等级

设计等级	建筑和地基类型
甲级	重要的工业与民用建筑物 30 层以上的高层建筑 体型复杂，层数相差超过 10 层的高低层连成一体的建筑物 大面积的多层地下建筑物（如地下车库、商场、运动场等） 对地基变形有特殊要求的建筑物 复杂地质条件下的坡上建筑物（包括高边坡） 对原有工程影响较大的新建建筑物 场地和地基条件复杂的一般建筑物 位于复杂地质条件及软土地区的 2 层及 2 层以上地下室的基坑工程 开挖深度大于 15 m 的基坑工程 周边环境条件复杂、环境保护要求高的基坑工程
乙级	除甲级、丙级以外的工业与民用建筑物 除甲级、丙级以外的基坑工程
丙级	场地和地基条件简单、荷载分布均匀的 7 层及 7 层以下民用建筑及一般工业建筑；次要的轻型建筑物 非软土地区且场地地质条件简单、基坑周边环境条件简单、环境保护要求不高且开挖深度小于 5.0 m 的基坑工程

1.2.5　钢筋混凝土结构材料

1. 混凝土强度等级

根据现行国家标准《混凝土结构设计标准（2024 年版》（GB/T 50010—2010）（以下简称《混凝土结构设计标准》中有关规定，普通钢筋混凝土结构中常用混凝土强度等级按 C15~C80进行选用，具体工程不同部位结构构件采用的混凝土强度等级会在结构设计总说明中详细列出。

2. 钢筋材料

根据现行国家标准《混凝土结构设计标准》中有关规定，钢筋混凝土结构中钢筋种类及对应的材料强度如下。

热轧钢筋：HPB300（φ）$f_y = f_y' = 270 \text{ N/mm}^2$；

HRB400（Φ）$f_y = f_y' = 360 \text{ N/mm}^2$；

平法施工图
通用知识

RRB400（Φ^R）$f_y = f'_y = 360 \text{ N/mm}^2$；

HRB500（Φ）$f_y = 435 \text{ N/mm}^2$，$f'_y = 435 \text{ N/mm}^2$。

具体选用的钢筋类型会在结构设计总说明中详细列出。

混凝土和钢筋的材料强度标准值应具有不小于 95% 的保证率，并符合抗震性能指标要求。

3.砌体材料

墙体块材除砖混结构外，其他结构体系中的墙砌体均不作承重用。一般结构设计说明中会注明不同部位（±0.000 以上及 ±0.000 以下）的砌体所采用的砌块材料类型、等级及砂浆种类、强度等级。

1.2.6 钢筋混凝土结构构造

一般结构设计总说明中会逐条详细列出有关的钢筋混凝土结构构造。具体见结构设计总说明中相关内容。

对于钢筋保护层厚度，根据现行国家标准《混凝土结构设计标准》中有关规定，设计使用年限为 50 年的混凝土结构，最外层钢筋的保护层厚度应符合表 1-2-5 中的要求。

表 1-2-5 受力纵筋混凝土最小保护层厚度

环境类别	板、墙		梁、柱	
	≤ C25	≥ C30	≤ C25	≥ C30
一	20	15	25	20
二 a	25	20	30	25
二 b	30	25	40	30
三 a	—	30	—	40
三 b	—	40	—	50

注：（1）构件中受力纵筋的保护层厚度不应小于钢筋的公称直径。

（2）设计使用年限为 100 年的混凝土结构，一类环境中，最外层钢筋的保护层厚度不应小于表中数值的 1.4 倍；二、三类环境中，应采取专门的有效措施。

（3）基础底面钢筋的保护层厚度，有混凝土垫层时，应从垫层顶面算起，且不应小于 40 mm。

此外，结构设计总说明中一般还会列出楼板分布钢筋布置、主次梁相交处附加钢筋大样、门窗洞口过梁配筋、楼板开洞构造大样及楼板预留埋管构造大样等的做法说明，以及施工后浇带配筋大样图等。具体详见各工程结构设计总说明中的相关内容。

1.3　课堂活动（工学活动）

1.3.1　工作情景描述

现有一住宅楼，地上9层，住宅层高均为3.0 m，首层室内外高差为0.500 m，建筑总高为27.5 m。为保证新进施工班组成员对工程概况、设计依据、建设场地工程地质情况、工程抗震设防、结构荷载、材料选用、一般构造等内容有直观的认识，施工员小李需要对施工班组成员进行相应识图的培训，并就结构设计总说明进行交底。

假如你是施工员小李，你应该如何做？

1.3.2　活动要求

学生按照工学流程完成工作页中的工学活动，运用结构设计总说明识读的基本知识，完成工作情景中的交底任务。

 小 课 堂

中国古建筑之凝聚——走进清代样式雷图档

清代样式房制圆明园廓然大公烫样

"样式雷"是清代雷氏建筑世家的誉称。从江西永修走出的雷氏家族自清康熙年间起，共有八代十几人主持皇家的各类建筑工程，负责建筑设计和图样绘制等工作。我国现已被评为世界文化遗产的北京故宫、沈阳故宫、天坛、颐和园、承德避暑山庄、清东陵、清西陵、五台山等建筑均是他们设计建造或参与修建的。

　　样式雷图档是样式雷家族所绘制的建筑图纸、相应工程做法的文字档案和烫样模型，是我国早期的工程项目施工图纸，现留存下来的样式雷建筑图档就是记录清代皇家建筑设计、施工、验收管理制度等的珍贵史料。目前存世的样式雷图档为两万件左右，主要收藏在中国国家图书馆、中国第一历史档案馆、故宫博物院，还有少量收藏在国内外其他馆所等，其中中国国家图书馆藏量约 15 000 件，占世界总量的 3/4。

　　现存的清代样式雷图档，其绘制时间从 18 世纪中叶延续到 20 世纪初期；建筑涉及地域范围覆盖北京、天津、河北、辽宁、山西等清代皇家建筑所在地；设计内容包括皇家宫殿（故宫）、园林（圆明园、颐和园、三海）、坛庙（天坛、地坛、太庙）、陵寝（清东陵、清西陵）、王府（恭王府、淳亲王府）、行宫（团河行宫、紫竹院行宫）等。其中工程类图档详细记录了有关机构设置、选址勘测、规划设计、工程施工以及建筑技艺等传统建筑行业的方方面面，反映了清代建筑设计水平和样式房工作流程；非工程类图档则反映了样式雷的生活、教育、家庭情感等，对了解清代的社会现实具有重要的学术价值。烫样是按一定比例制作的模型，立体展示建筑的形象轮廓和区域的群体配置，上面标注建筑的主要尺寸与做法，从里到外结构一目了然，虽然是小样，但极其精细，各种构件都可以自由拆卸，也能灵活组装，这是雷氏家族独一无二的创造。

　　中国建筑技艺一直以口传心授和"传帮带"的方式传承和发展，有关中国古代建筑设计理念、方法和传承的文献记载寥若无己。清代样式雷图档的出现，打破了这一局面，为研究中国传统建筑提供了宝贵而丰富的资料。样式雷图档以其系统性、完整性、规模性及手稿性质，成为世界上独一无二的关于中国古代建筑设计理念和方法的珍贵档案。它在为中国古代建筑史提供重要史料的同时，也纠正了传统世界建筑史中关于中国古代缺乏建筑设计理念和方法的偏见。

　　联合国教科文组织在 1992 年创立"世界记忆工程"，旨在对世界范围内正逐渐老化、损毁、消失的文献记录，通过国际合作与使用最佳技术手段进行抢救，提高人们对文献遗产重要性和保管必要性的认识。1997 年正式设立的《世界记忆名录》，是收编符合世界意义入选标准的文献遗产，登录标准包括真实性、独特性、不可替代性和重要性。1996 年，世界记忆项目中国国家委员会成立。2006 年 3 月底，中国国家图书馆向联合国教科文组织世界记忆工程秘书处提交样式雷图档申报材料。2007 年 8 月，中国国家图书馆收到入选通知函和证书，清代样式雷图档正式入选《世界记忆名录》。

　　习近平总书记指出，要系统梳理传统文化资源，让收藏在深宫里的文物、陈列在广阔大地上的遗产、书写在古籍里的文字都活起来。中国国家图书馆近几十年来已经通过展览、出版、文创、研究等多项读者服务，以灵活多样的方式宣传和推广样式雷图档，使这份独一无二的世界记忆遗产、中国古代传统建筑档案走进越来越多读者的记忆中。

学习任务二
基础结构施工图交底

职业能力目标

1. 领取工作页中的任务，明确任务要求。

2. 能够知道基础平法施工图制图规则，能够识读基础结构施工图。

3. 能制作一份基础施工图交底记录表。

4. 能制作一份基础信息一览表。

5. 能获取基础信息，并结合施工图，完善基础信息一览表。

6. 能结合施工图，绘制指定基础的大样图（含钢筋抽样图）。

7. 能结合施工图，实际绑扎指定基础的缩小版的基础钢筋。

8. 能实施指定基础的施工图交底，并形成记录。

9. 能互相检查绘制的基础大样图，并分析误差。

10. 能互相检查绑扎缩小版的基础钢筋，并分析误差。

11. 能正确整理交底资料，清晰地反馈交底成果。

12. 能结合任务完成情况，正确规范地撰写工作总结。

职业素养目标

1. 了解并遵守国家和行业的相关规范和标准，确保施工图的识读和应用符合法律法规要求。2. 对基础结构施图细节的敏感性和观察力，能够发现图中的潜在问题和错误，确保施工的准确性和安全性。

3. 面对基础结构施工图中的疑难问题，能够独立思考并提出解决方案，或与团队合作共同解决。

4. 具有保持持续学习的态度，及时更新知识和技能，以适应行业的发展。

建议学时

18 学时

2.1 基础平法施工图导读

基础基本知识

2.1.1 基础的定义及分类

1. 基础的定义

基础是指建筑物地面以下的承重结构，如基坑、承台、框架柱、地梁等。其是建筑物的墙或柱子在地下的扩大部分，作用是承受建筑物上部结构传下来的荷载，并把它们连同自重一起传给地基，如图 2-1-1 所示。基础是房屋、桥梁、码头及其他构筑物的重要组成部分。

图 2-1-1 基础

2. 基础的分类

（1）按使用的材料可分为灰土基础、砖基础、毛石基础和混凝土基础。

1）灰土基础：由石灰、土和水按比例配合，经分层夯实而成的基础。灰土强度在一定范围内随含灰量的增加而增加。但超过限度后，灰土的强度反而会降低，这是因为消石灰在钙化过程中会析水，增加了消石灰的塑性。

2）砖基础：以砖为砌筑材料形成的建筑物基础。其是我国传统的砖木结构砌筑方法，现代常与混凝土结构配合修建住宅、校舍、办公楼等低层建筑。

3）毛石基础：一般使用强度等级不低于 MU30 的毛石，不低于 M5 的砂浆砌筑而形成。为保证砌筑质量，毛石基础每台阶高度和基础的宽度不宜小于 400 mm，每阶两边各伸出宽度不宜大于 200 mm。石块应错缝搭砌，缝内砂浆应饱满，且每步台阶不应少于两匹毛石。毛石基础的抗冻性较好，在寒冷潮湿地区可用于 6 层以下建筑物的基础。

4）混凝土基础：以混凝土为主要承载体的基础形式，分为无筋的混凝土基础和有筋的钢筋混凝土基础两种。

（2）按埋置深度可分为浅基础和深基础。

埋置深度不超过 5 m 的基础称为浅基础，埋置深度大于 5 m 的基础称为深基础。

（3）按受力性能可分为刚性基础和柔性基础。

1）刚性基础：用于抗压强度高而抗弯和抗拉强度较低的材料建造的基础。所用材料有混凝土、砖、毛石、灰土、三合土等，一般可用于6层及以下的民用建筑和墙承重的轻型厂房。

2）柔性基础：用抗拉和抗弯强度都很高的材料建造的基础。一般用钢筋混凝土制作。这种基础适用于上部结构荷载比较大、地基比较柔软、用刚性基础不能满足要求的情况。

（4）按构造形式可分为条形基础、独立基础、满堂基础和桩基础。

1）条形基础：当建筑物采用砖墙承重时，墙下基础常连续设置，形成通长的条形基础，如图2-1-2所示。

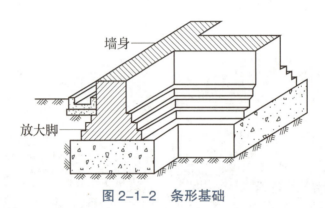

图2-1-2 条形基础

2）独立基础：当建筑物上部为框架结构或单独柱子时，常采用独立基础。若柱子为预制时，则采用杯形基础。杯形基础又叫作杯口基础，是独立基础的一种，如图2-1-3所示。

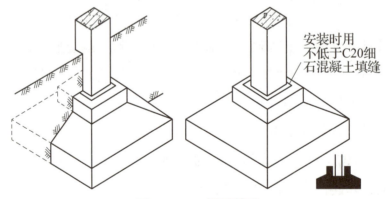

图2-1-3 杯形基础

3）满堂基础：当上部结构传下的荷载很大、地基承载力很低、独立基础不能满足地基要求时，常将这个建筑物的下部做成整块钢筋混凝土基础，成为满堂基础。其按构造又分为筏形基础和箱形基础两种。

①筏形基础：筏形基础就像在水中漂流的木筏。井格式基础下又用钢筋混凝土板连成一片，极大地增加了建筑物基础与地基的接触面积，单位面积地基土层承受的荷载减少，适合于软弱地基和上部荷载比较大的建筑物。

②箱形基础：当筏形基础埋深较大，并设有地下室时，为了增加基础的刚度，将地下室的

底板、顶板和墙浇制成整体箱形基础。箱形基础的内部空间构成地下室，具有较大的强度和刚度，多用于高层建筑，如图 2-1-4 所示。

4）桩基础：当建造比较大的工业与民用建筑时，若地基的软弱土层较厚，采用浅埋基础不能满足地基强度和变形要求，常采用桩基础。桩基础的作用是将荷载通过桩传给埋藏较深的坚硬土层，或通过桩周围的摩擦力传给地基，如图 2-1-5 所示。其按照施工方法可分为钢筋混凝土预制桩和灌注桩。

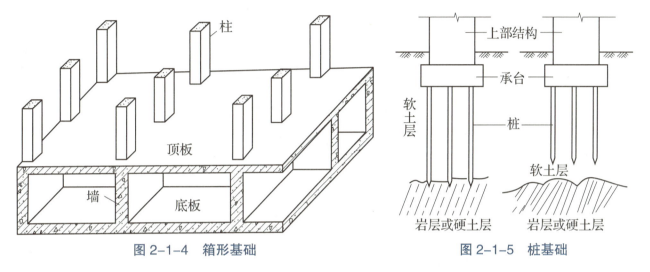

图 2-1-4　箱形基础　　　　　　　　　　图 2-1-5　桩基础

2.1.2　基础平法施工图的表示方法

（1）基础平法施工图，是在基础平面布置图上采用平面注写方式、截面注写方式或列表注写方式表达。独立基础施工图一般主要采用平面注写方式。

（2）独立基础平面布置图，是将独立基础平面与基础所支承的柱一起绘制。

（3）在独立基础平面布置图上应标注基础定位尺寸。

独立基础平法
施工图导读

2.1.3　独立基础的平面注写方式

独立基础的平面注写方式，分为集中标注和原位标注两部分内容。

普通独立基础和杯口独立基础的集中标注，系在基础平面图上集中引注基础编号、截面竖向尺寸、配筋三项必注内容，以及基础底面标高（与基础底面基准标高不同时）和必要的文字注解两项选注内容。

素混凝土普通独立基础的集中标注，除无基础配筋内容外，均与钢筋混凝土普通独立基础相同。

1. 独立基础的集中标注

（1）基础编号由代号和序号组成，即基础编号 = 基础底板截面形状类型代号 + 序号。独立基础编号应符合表 2-1-1 的规定。

表 2-1-1 独立基础编号

类 型	基础底板截面形状	代 号	序 号
普通独立基础	阶形	DJj	××
	锥形	DJz	××
杯口独立基础	阶形	BJj	××
	锥形	BJz	××

（2）独立基础截面竖向尺寸。

1）普通独立基础截面竖向尺寸。

①当基础为阶形截面时，注写为 $h_1/h_2/h_3\cdots$，如图 2-1-6 所示。

②当基础为锥形截面时，注写为 h_1/h_2，如图 2-1-7 所示。

独立基础集中标注

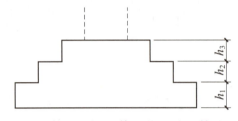

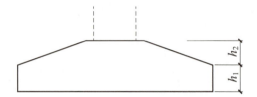

图 2-1-6 阶形截面普通独立基础　　　　图 2-1-7 锥形截面普通独立基础

2）杯口独立基础截面竖向尺寸。

①当基础为阶形截面时，其竖向尺寸分为两组，一组表达杯口内，另一组表达杯口外，两组尺寸以"，"分隔，注写为 a_0/a_1，$h_1/h_2/\cdots$，其中 a_0 为杯口深度，如图 2-1-8 所示。

②当基础为锥形截面时，注写为 a_0/a_1，$h_1/h_2/h_3\cdots$，如图 2-1-9 所示。

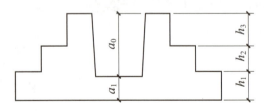

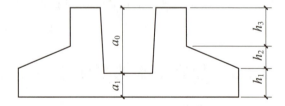

图 2-1-8 阶形截面杯口独立基础　　　　图 2-1-9 锥形截面杯口独立基础

（3）独立基础配筋。

常见独立基础配筋类型和钢筋代号如表 2-1-2 所示。

表 2-1-2 常见独立基础配筋类型和代号

基础类型	基础配筋类型	钢筋代号
独立基础	底板底部钢筋	B
杯口独立基础	顶部焊接钢筋网	Sn
高杯口独立基础	杯壁或短柱纵筋	O
独立基础	短柱纵筋	DZ
双柱独立基础	底板顶部钢筋	T

1）普通独立基础和杯口独立基础的底部双向配筋具体注写规定如下。

①以 B 代表各种独立基础底板的底部配筋。

②x 向配筋以 X 打头注写，y 向配筋以 Y 打头注写；当两向配筋相同时，则以 X&Y 打头注写。

【示例 2-1-1】当独立基础底板配筋标注为 B:XΦ16@150，YΦ16@200，表示基础底板底部配置 HRB400 级钢筋，x 向钢筋直径为 16 mm，间距为 150 mm；y 向钢筋直径为 16 mm，间距为 200 mm，如图 2-1-10 所示。

2）杯口独立基础顶部焊接钢筋网。以 Sn 打头引注杯口顶部焊接钢筋网的各边钢筋。

【示例 2-1-2】当单杯口独立基础顶部焊接钢筋网标注为 Sn 2Φ14，表示杯口顶部每边配置 2 根 HRB400 级直径为 14 mm 的焊接钢筋网，如图 2-1-11 所示。

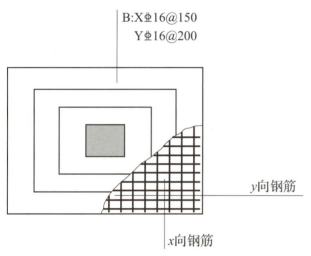

图 2-1-10 独立基础底板板底双向配筋

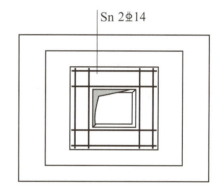

图 2-1-11 单杯口独立基础顶部焊接钢筋

3）高杯口（双高杯口）独立基础的短柱配筋（也适用于杯口独立基础杯壁有配筋的情况）。具体注写规定如下。

①以 O 代表短柱配筋。

②先注写短柱纵向钢筋，再注写箍筋。注写为角筋 /x 边中部筋 /y 边中部筋，箍筋（两种间距，短柱杯口壁内箍筋间距 / 短柱其他部位箍筋间距）。

【示例 2-1-3】当高杯口独立基础短柱配筋标注为 O 4Φ20/5Φ16/5Φ16，Φ10@150/300，表示高杯口独立基础的短柱配置 HRB400 竖向纵筋和 HPB300 箍筋。其竖向钢筋为角筋 4Φ20、x 边中部筋 5Φ16、y 边中部筋 5Φ16；其箍筋直径为 10 mm，短柱杯口壁内间距为 150 mm，短柱其他部位间距为 300 mm，如图 2-1-12 所示。

4）普通独立基础带短柱竖向尺寸及钢筋。当独立基础埋深较大，并设置短柱时，短柱配筋应注写在独立基础中。具体注写规定如下。

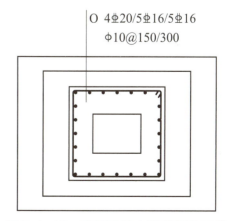

图 2-1-12 高杯口独立基础短柱配筋

①以 DZ 代表普通独立基础短柱。

②先注写短柱纵向钢筋，再注写箍筋，最后注写短柱标高范围。注写为角筋 /x 边中部筋 /y 边中部筋，箍筋，短柱标高范围。

【示例 2-1-4】 当独立基础短柱配筋标注为 DZ 4Φ20/5Φ18/5Φ18，Φ10@100，-2.500~-0.050，表示独立基础的短柱设置在 -2.500~-0.050 m 高度范围内，配置 HRB400 纵向钢筋和 HPB300 箍筋。其钢筋为角筋 4Φ20、x 边中部筋 5Φ18、y 边中部筋 5Φ18；其箍筋直径为 10 mm，间距为 100 mm，如图 2-1-13 所示。

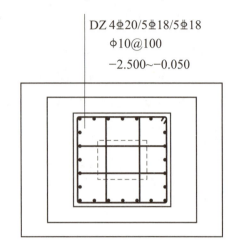

DZ 4Φ20/5Φ18/5Φ18
Φ10@100
-2.500~-0.050

图 2-1-13　独立基础短柱配筋

5）双柱独立基础的底板顶部配筋。双柱独立基础的底板顶部配筋通常对称分布在双柱中心线两侧。注写规定如下。

①以 T 代表双柱独立基础底板顶部配筋。

②先注写纵向受力钢筋，再注写分布钢筋，当纵向受力钢筋在基础底板顶面非布满时，应注明其总根数。注写为双柱间纵向受力钢筋 / 分布钢筋。

【示例 2-1-5】 当双柱独立基础底板顶部配筋标注为 T：11Φ18@100/A10@200，表示双柱独立基础底板顶部配置 HRB400 级钢筋，直径为 18 mm，设置 11 根，间距为 100 mm；HPB300 级分布钢筋，直径为 100 mm，间距为 200 mm，如图 2-1-14 所示。

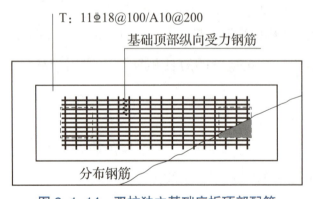

T：11Φ18@100/A10@200

基础顶部纵向受力钢筋

分布钢筋

图 2-1-14　双柱独立基础底板顶部配筋

（4）基础底面标高。当独立基础的底面标高与基础底面基准标高不同时，应将独立基础底面标高直接注写在"（ ）"内。

（5）文字注解。当独立基础的设计有特殊要求时，宜增加必要的文字注解。

2. 独立基础的原位标注

原位标注是指在基础平面图上标注独立基础的平面尺寸。

（1）普通独立基础。

原位标注 x、y；x_i、y_i，i=1，2，3…。其中，x、y 为普通独立基础两向边长，x_i、y_i 为阶宽或锥形平面尺寸，如图 2-1-15 和图 2-1-16 所示。

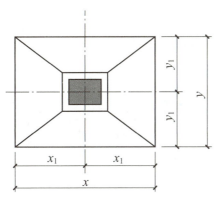

图 2-1-15 锥形截面普通独立基础原位标注

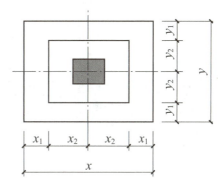

图 2-1-16 阶形截面普通独立基础原位标注

（2）杯口独立基础。

原位标注 x、y；x_u、y_u，x_{ui}、y_{ui}，t_i；x_i、y_i，$i=1$，2，3…。其中，x、y 为杯口独立基础两向边长，x_u、y_u 为杯口上口尺寸，x_{ui}、y_{ui} 为杯口上口边到轴线尺寸，t_i 为杯壁上口厚度，下口厚度为 t_i+25 mm，x_i、y_i 为阶宽或锥形截面尺寸，如图 2-1-17 和图 2-1-18 所示。

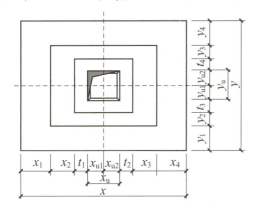

图 2-1-17 阶形截面杯口独立基础原位标注

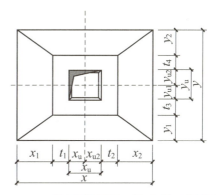

图 2-1-18 锥形截面杯口独立基础原位标注

2.1.4 独立基础的截面注写方式

（1）采用独立基础采用截面注写方式时应在基础平面布置图上对所有基础进行编号，标注独立基础的平面尺寸，并用剖面号引出对应的截面图；对相同编号的基础，可选择一个进行标注。

（2）对于已在基础平面布置图上原位标注清楚的，该基础的平面几何尺寸在截面图上可不再重复表达。

2.1.5 独立基础的列表注写方式

1.普通独立基础的列表注写方式（表 2-1-3）

表 2-1-3 普通独立基础几何尺寸和配筋表

基础编号/截面号	截面几何尺寸						底部配筋（B）	
	x	y	x_i	y_i	h_1	h_2	x 向	y 向

2.杯口独立基础的列表注写方式（表2-1-4）

表2-1-4　杯口独立基础几何尺寸和配筋表

基础编号/截面号	截面几何尺寸								底部配筋（B）		杯口顶部钢筋网（Sn）	短柱配筋（O）	
	x	y	x_i	y_i	$α_1$	$α_2$	h_1	h_2	x向	y向		角筋/x边中部筋/y边中部筋	杯口壁箍筋/其他部位箍筋

2.2　独立基础标准构造

2.2.1　独立基础标准构造

1.独立基础底板配筋构造

（1）独立基础底板配筋构造适用于普通独立基础和杯口独立基础。

（2）独立基础底板双向交叉钢筋长向设置在下，短向设置在上，如图2-2-1和图2-2-2所示。

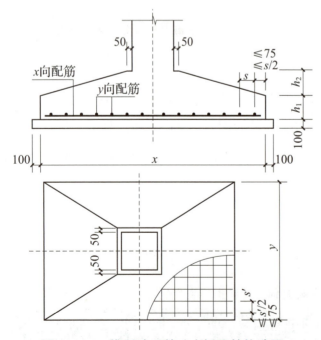

图2-2-1　锥形独立基础底板配筋构造图

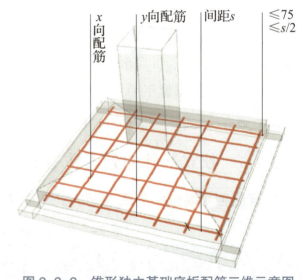

图2-2-2　锥形独立基础底板配筋三维示意图

2.双柱普通独立基础底部与顶部配筋构造

（1）双柱普通独立基础底板的截面形状可为阶形截面DJj或锥形截面DJz。

（2）双柱普通独立基础底部双向交叉钢筋，根据基础两个方向从柱外缘至基础外缘的伸出长度 ex 和 ey 的大小，较大者方向的钢筋设置在下，较小者方向的钢筋设置在上，如图 2-2-3 和图 2-2-4 所示。

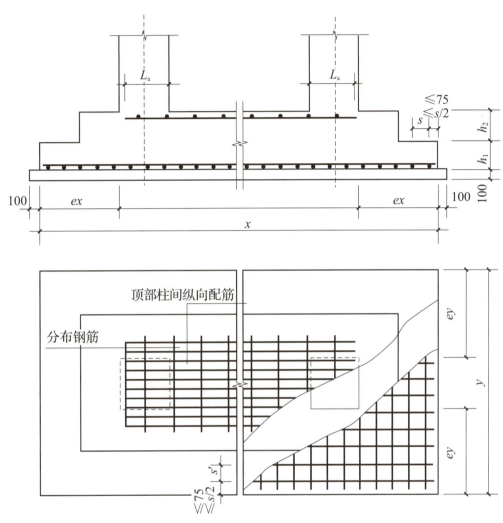

图 2-2-3　双柱普通独立基础底部配筋构造图

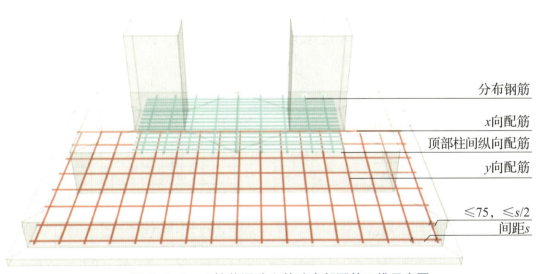

图 2-2-4　双柱普通独立基础底部配筋三维示意图

3. 对称独立基础底板配筋长度减短 10% 构造

（1）当对称独立基础底板长度大于或等于 2 500 mm 时，除外侧钢筋外，底板配筋长度可取相应方向底板长度的 0.9 倍，交错放置，四边最外侧钢筋不缩短，如图 2-2-5 和图 2-2-6 所示。

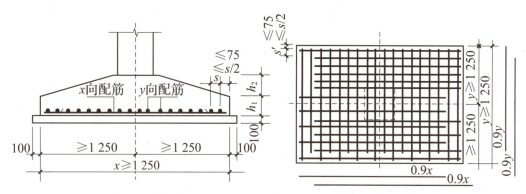

图 2-2-5 对称独立基础底板配筋长度减短 10% 构造图

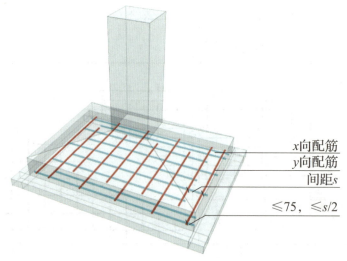

图 2-2-6 对称独立基础底板配筋长度减短 10% 三维示意图

（2）当非对称独立基础底板配筋长度大于或等于 2 500 mm，但该基础某侧从柱中心至基础底板边缘的距离小于 1 250 mm 时，钢筋长度在该侧不应减短，如图 2-2-7 和图 2-2-8 所示。

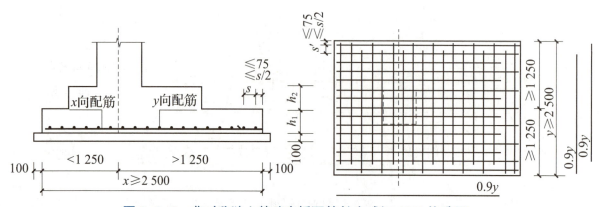

图 2-2-7 非对称独立基础底板配筋长度减短 10% 构造图

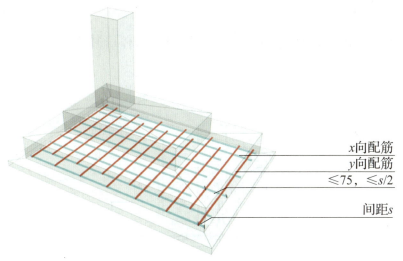

图 2-2-8 非对称独立基础底板配筋长度减短 10% 三维示意图

2.2.2 杯口独立基础标准构造

1. 杯口独立基础配筋构造

（1）基础底板底部配筋构造如图 2-2-1 和图 2-2-2 所示。

（2）杯口独立基础底板的截面形状可为阶形截面 BJj 或锥形截面 BJz。当为锥形截面且坡度较大时，应在坡面上安装顶部模板，以确保混凝土能够浇筑成型、振捣密实，如图 2-2-9、图 2-2-10 和图 2-2-11 所示。

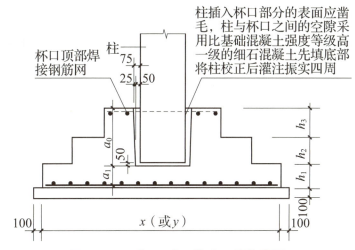

图 2-2-9 杯口独立基础配筋构造图

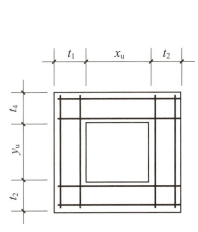

图 2-2-10 杯口顶部焊接钢筋网

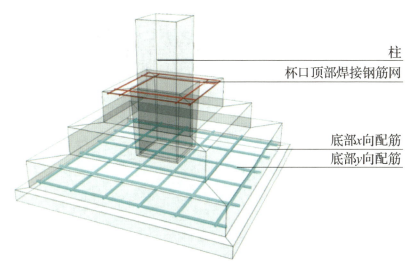

图 2-2-11 杯口独立基础配筋三维示意图

2. 双杯口独立基础配筋构造

双杯口独立基础构造图、双杯口顶部焊接钢筋网、双杯口独立基础配筋三维示意图分别如图 2-2-12、图 2-2-13 和图 2-2-14 所示。

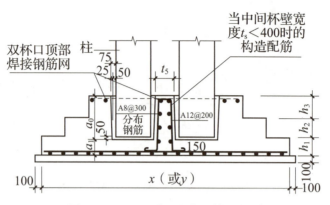

图 2-2-12　双杯口独立基础构造图

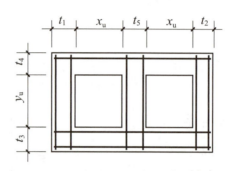

图 2-2-13　双杯口顶部焊接钢筋网

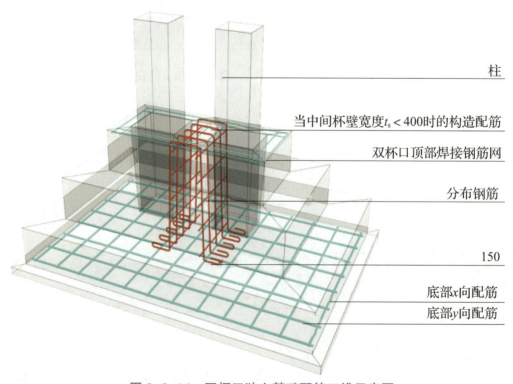

图 2-2-14　双杯口独立基础配筋三维示意图

2.3　课堂活动（工学活动）

独立基础平法注写实例讲解

2.3.1　工作情景描述

为了提升学生对基础平法施工图的识读能力，现有一项基础结构施工图交底任务，老师要求学生认真阅读资料，理解图纸设计意图，对图纸表达信息进行仔细分析，系统消化，并完成交底任务，具体资料和要求如下。

> ××疗养机构康复楼，共4层，总建筑高度为14.7 m，总建筑面积为1 767.5 m²。为保证钢筋班组成员在基础工程中的独立基础钢筋绑扎工作中不出现差错，并按时完成任务，项目部要求施工员小刘明天在项目部会议室对钢筋班组成员进行基础工程的独立基础平法施工图交底。
>
> 假如你是施工员小刘，你应该如何做？

2.3.2　活动要求

学生按照工学流程完成工作页中的工学活动，运用钢筋混凝土基础结构施工图识读的基本知识，完成工作情景中的交底任务。

小课堂

基坑打得好，建筑稳又牢——记北京中国尊大厦

中国尊大厦楼如其名，灵感源于中国古代礼器——尊。整个中国尊大厦高耸入云，展现其顶天立地之势；又赋以竹编的肌理，表现出庄重的东方韵味。中国尊大厦的建筑形态恢宏大气，符合中国的传统审美，却又不古板，充满了时尚气息。大厦高度达528 m，有整整108层楼。它拥有8层地下空间，是全球地下室最深、层数最多的超高层建筑。

为了建造这座"京城地标"，拥有丰富高层建筑建造经验的团队，在施工过程中运用了多项新技术。首先是地基方面，对于中国尊这类高达528 m的摩天大厦，地基是否稳固十分重要，更何况中国尊的设计抗震指标还需要达到8级，建造者们为这座大楼挖出了一个深度达40 m，全世界都罕见的超深民用基坑，使用了896根基桩来形成强而有力的地基，施工方在底板浇筑过程中还首次使用了20多万根目前国内强度最高的HRB500级钢筋。其

次是楼层建造方面，施工方使用了目前最新一代的空中造楼机。这台空中造楼机在建造过程中不需要任何人力协助，以往中国要完成一层的建造需要至少一周的时间，同时还需要200人同时施工，在空中造楼机的帮助下，施工难度是普通300 m大楼4倍多的中国尊大厦不仅施工时间降低到了4天，人力需求也降到了0。此外，空中造楼机的施工平台有着许多微凸支点，这是这台造楼机的承重点，依靠这些支点空中造楼机可以稳稳攀附在大楼的主墙体部分，并一层一层地向上攀爬建造，这也使高层施工的难题迎刃而解，即使在300 m以上的高度随时可能出现的6级、7级甚至是8级大风，也无法撼动这座空中造楼机。

　　总的来说，中国尊大厦的成功建造，在很大程度上取决于我国深基坑开挖、空中造楼机建造等现代化高楼建造技术已经领先于世界。中华人民共和国成立以来，我国建筑业持续快速发展，规模不断扩大，实力不断增长，"中国建造"技术和品牌在创新中实现腾飞蝶变，一座座地标建筑拔地而起，一项项海外重大工程接踵落地，中国建筑业正在擘画不断跨越的发展曲线。

职业能力目标

1. 领取工作页中的任务，明确任务要求。

2. 能制作一份柱施工图交底记录表。

3. 能制作一份柱信息一览表。

4. 能获取柱信息，并结合施工图，完善柱信息一览表。

5. 能结合施工图，绘制指定柱大样图（含钢筋抽样图）。

6. 能结合施工图，实际绑扎指定柱的缩小版柱钢筋。

7. 能实施指定柱的施工图交底，并形成记录。

8. 能互相检查绘制的柱大样图，并分析误差。

9. 能互相检查绑扎缩小版柱钢筋，并分析误差。

10. 能正确整理交底资料，清晰地反馈交底成果。

11. 能结合任务完成情况，正确规范地撰写工作总结。

职业素养目标

1. 提升学生的沟通和协调能力，具有良好的团队合作精神。

2. 具有严谨认真的工作态度，在识读和交底过程中注意细节，不放过任何一个可能影响工程质量的问题。

建议学时

18学时

3.1 柱平法施工图导读

柱基础知识

3.1.1 柱平法施工图的表示方法

（1）柱平法施工图是在柱平面布置图上采用列表注写方式和截面注写方式表达柱的配筋。

（2）柱平面布置图，可采用适当比例单独绘出，也可与剪力墙平面布置图合并绘出。

（3）在柱平法施工图中，应注明各结构层的楼面标高、结构层高及相应的结构层号，还应注明上部结构嵌固部位位置。

3.1.2 钢筋混凝土柱的分类

钢筋混凝土柱的分类主要有以下几种形式。

（1）按制造和施工方法可分为现浇柱和预制柱。现浇钢筋混凝土柱整体性好，但支模工作量大。预制钢筋混凝土柱施工比较方便，但要保证节点连接质量。

（2）按配筋方式可分为普通钢箍柱、螺旋形钢箍柱和劲性钢筋柱。

①普通钢箍柱适用于各种截面形状的柱，是基本的、主要的类型，普通钢箍柱用以约束纵向钢筋的横向变位，如图 3-1-1（a）所示。

②螺旋形钢箍柱可以提高构件的承载能力，柱截面一般是圆形或多边形，如图 3-1-1（b）所示。

③劲性钢筋柱在柱的内部或外部配置型钢，型钢分担很大一部分的荷载，用钢量大，但可减小柱的断面和提高柱的刚度；在未浇灌混凝土前，柱的型钢骨架可以承受施工荷载和减少模板支撑用材。用钢管作外壳，内浇混凝土的劲性钢筋混凝土柱，是劲性钢筋柱的另一种形式，如图 3-1-1（c）所示。

（a）

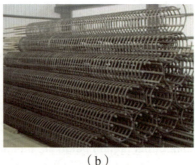
（b）

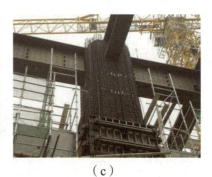
（c）

图 3-1-1 按配筋方式分类的柱
（a）普通钢箍柱；（b）螺旋形钢箍柱；（c）劲性钢筋混凝土柱

（3）按轴向力作用点与截面形心的相对位置可分为轴心受压柱和偏心受压柱，如图 3-1-2 所示，后者是受压兼受弯构件。工程中的柱绝大多数都是偏心受压柱。

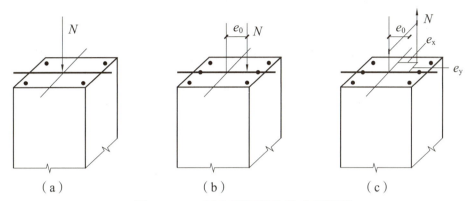

图 3-1-2 轴心受压柱和偏心受压柱

（a）轴心受压柱；（b）单向偏心受压柱；（c）双向偏心受压柱

3.1.3 柱编号

柱编号由柱类型代号与序号两部分组成。不同柱类型的代号如表 3-1-1 所示。

表 3-1-1 柱编号

柱类型	代号	序号
框架柱	KZ	××
转换柱	ZHZ	××
芯柱	XZ	××
梁上柱	LZ	××
剪力墙上柱	QZ	××

（1）框架柱（KZ）：在框架结构中承受梁和板传来的荷载，并将荷载传给基础，是主要的竖向受力构件。

（2）转换柱（ZHZ）：因为建筑功能要求，下部空间大，上部竖向构件不能直接贯通落地，而通过水平转换结构与下部竖向构件连接。当布置的转换梁支撑上部的剪力墙的时候，转换梁叫框支梁，支撑框支梁的柱子就叫作转换柱。

（3）芯柱（XZ）：在框架柱截面中 1/3 左右的核心部位配置附加纵向钢筋及箍筋而形成的内部加强区域。

（4）梁上柱（LZ）：由于某些原因，建筑物的底部没有柱子，到了某一层后又需要设置柱子，那么柱子只能从下一层的梁上生根，这就是梁上柱。上部结构的荷载通过柱子传到下面生根的梁上，然后梁再通过支撑它的柱子传到基础。

（5）剪力墙上柱（QZ）：生根于剪力墙上的柱，与框架柱不同之处在于，受力后将力通过剪力墙传到基础。

3.1.4 柱平法施工图常见的注写方式

柱平法施工图常见的注写方式有列表注写方式和截面注写方式两种。

1. 列表注写方式

列表注写方式是在柱平面布置图上，先对柱进行编号，然后分别在同一编号的柱中选择一个（当柱断面与轴线关系不同时，需选几个）断面注写几何尺寸、几何参数代号（b_1、b_2、h_1、h_2）；在柱表中注写柱号、柱段的起止标高、几何尺寸（含柱断面对轴线的情况）与配筋具体数值，并配以各种柱断面形状及其箍筋类型图，来表达柱平面整体配筋。

柱表注写内容规定如下。

（1）注写柱编号。柱编号由柱类型代号和序号组成，应符合图 3-1-3 的规定。

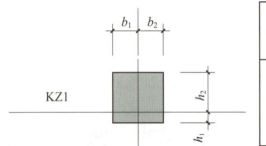

柱编号	标高	$b \times h$ （圆柱直径D）
KZ1	-0.030~19.470	750×700
	19.470~37.470	650×600
	37.470~59.070	550×500

图 3-1-3 柱编号表示方法

【示例 3-1-1】柱编号表示方法如图 3-1-3 所示，图中 KZ1 表示编号为 1 的框架柱。

（2）注写各段柱的起止标高。自柱根部向上以变截面位置或截面未变但配筋改变处为界分段注写。

框架柱和框支柱的根部标高为基础顶面标高；芯柱的根部标高为根据结构实际需要而定的起始位置标高；梁上柱的根部标高为梁顶面标高。剪力墙上柱的根部标高分为两种：当柱纵筋锚固在墙顶部时，其根部标高为墙顶面标高；当柱与剪力墙重叠一层时，其根部标高为墙顶面向下一层的结构层楼面标高。

【示例 3-1-2】柱标高表示方法如图 3-1-4 所示，图中框架柱 1 首段从标高 -0.030 m 到标高 19.470 m 位置。

（3）矩形柱截面尺寸 $b \times h$ 及与轴线关系的几何参数代号的具体数值，需对应于各段柱分别注写。对于圆柱，则用圆柱直径 D 表示。圆柱截面与轴线的关系也用上述方法表示。

柱编号	标高	$b \times h$ （圆柱直径D）
KZ1	-0.030~19.470	750×700
	19.470~37.470	650×600
	37.470~59.070	550×500

图 3-1-4 柱标高表示方法

注写柱截面尺寸 $b \times h$ 及与轴线关系的几何参数代号 b_1、b_2、h_1、h_2 的具体数值，需对应于各段柱分别注写。其中，$b = b_1 + b_2$，$h = h_1 + h_2$。

【**示例 3-1-3**】柱尺寸及几何参数如图 3-1-5 所示。

柱编号	标高	$b×h$（圆柱直径D）	b_1	b_2	h_1	h_2
KZ1	−0.030~19.470	750×700	375	375	150	550
	19.470~37.470	650×600	325	325	150	450
	37.470~59.070	550×500	275	275	150	350
XZ1	−0.030~8.670	—	—	—	—	—

图 3-1-5　柱尺寸及几何参数

（4）柱纵筋，包括角筋、截面 b 边中部筋和 h 边中部筋三项，对于对称配筋的矩形截面柱，可仅注写一侧中部筋，对称边省略不注；当柱纵筋直径相同，各边根数也相同时（包括矩形柱、圆柱和芯柱），将纵筋注写在"全部纵筋"一栏中。

【**示例 3-1-4**】柱纵筋表示方法如图 3-1-6 所示。

全部纵筋	角筋	b边一侧中部筋	h边一侧中部筋
24Φ25			
	4Φ22	5Φ22	4Φ20
	4Φ22	5Φ22	4Φ20
8Φ25			

KZ1
650×600
4Φ20
Φ10@100/200

5Φ22

4Φ20

325 325

450

150

图 3-1-6　柱纵筋表示方法

（5）注写箍筋类型号和箍筋肢数。常见箍筋的复合方式如图 3-1-7 所示。

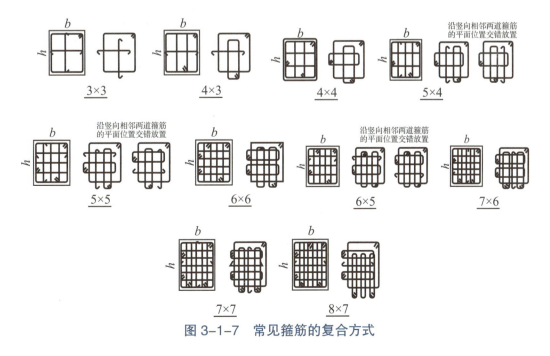

图 3-1-7　常见箍筋的复合方式

（6）注写柱箍筋，包括钢筋级别、直径与间距，用斜线"/"区分柱端箍筋加密区与柱身非加密区长度范围内箍筋的不用间距。

"/"的左边表示加密区间距，其右边表示非加密区间距，如Φ10@100/200，表示箍筋为HPB300级钢筋，直径为10 mm，加密区间距为100 mm，非加密区间距为200 mm。

当箍筋沿柱全高为一种间距时，不使用"/"线，如Φ10@100，表示箍筋为HPB300级钢筋，直径为10 mm，间距为100 mm，沿柱全高加密。

当圆柱采用螺旋箍筋时，需在箍筋前加"L"，如LΦ10@100/200，表示采用螺旋箍筋，为HPB300级钢筋，直径为10 mm，加密区间距为100 mm，非加密区间距为200 mm。

2. 截面注写方式

截面注写方式是在分标准层绘制的柱平面布置图的柱截面上，分别在同一编号的柱中选择一个截面，以直接注写截面尺寸和配筋具体数值的方式来表达柱平法施工图，如图3-1-8所示。

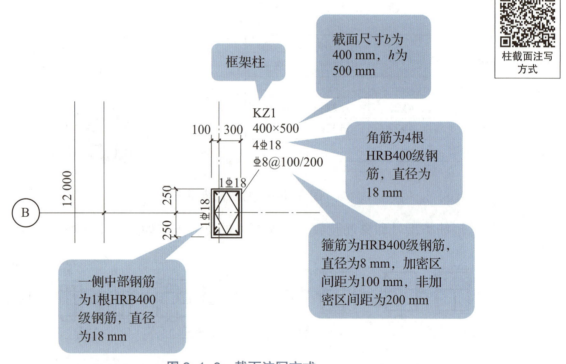

图 3-1-8　截面注写方式

在各层柱平面布置图上，分别从相同编号的柱中选择一个截面，按另一种比例原位放大绘制截面配筋图，在各配筋图上注写截面尺寸 $b \times h$、角筋或全部纵筋（当纵筋采用一种直径时）、箍筋的具体数值，并在柱截面配筋图上标注柱截面与轴线关系 b_1、b_2 和 h_1、h_2 的具体数值。当纵筋采用两种直径时，需再注写截面各边中部筋的具体数值。

3.1.5　柱内钢筋的种类

柱内钢筋的种类如图 3-1-9 所示。

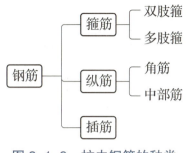

图 3-1-9　柱内钢筋的种类

框架柱根部钢筋锚固构造

3.2　柱标准构造详图

3.2.1　楼层框架柱纵筋的构造

（1）在图 3-2-1 和图 3-2-2 中，h_j 为基础底面至基础顶面的高度，柱下为基础梁时，h_j 为梁底面至顶面的高度。当柱两侧基础梁标高不同时取较低标高。l_{aE} 为锚固长度；H_n 为所在楼层的柱净高；h_c 为柱截面长边尺寸（圆柱为柱截面直径）。

（2）柱相邻纵筋连接接头的位置应错开，同一截面内钢筋接头不宜超过全截面钢筋总根数的 50%，当柱钢筋总根数不多于 8 根时可在同一截面连接。

（3）轴心受拉及小偏心受拉柱内的纵向钢筋不得采用绑扎搭接接头。

（4）柱受力纵筋搭接长度范围内箍筋应加密，其直径不应小于搭接钢筋较大直径的 1/4。当钢筋受拉时，箍筋间距不应大于搭接钢筋较小直径的 5 倍，且不应大于 100 mm；当钢筋受压时，箍筋间距不应大于搭接钢筋较小直径的 10 倍，且不应大于 200 mm。当受压钢筋直径 $d>25$ mm 时，应在搭接接头两个端面外 100 mm 范围内各设置两道箍筋。

（5）受力纵筋接头的位置宜避开梁端、柱端箍筋加密区；当无法避免时，应采用满足等强度要求的高质量机械连接接头。

（6）上柱钢筋比下柱钢筋多时的构造见图 3-2-1（a），上柱钢筋直径比下柱钢筋直径大时见图 3-2-1（b），下柱钢筋比上柱钢筋多时见图 3-2-1（c）。下柱钢筋直径比上柱钢筋直径大时见图 3-2-1（d）。

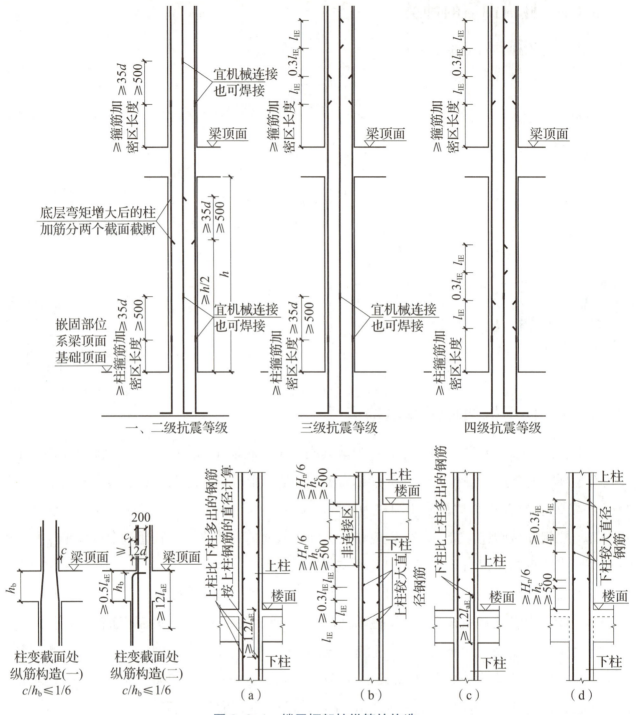

图 3-2-1　楼层框架柱纵筋的构造

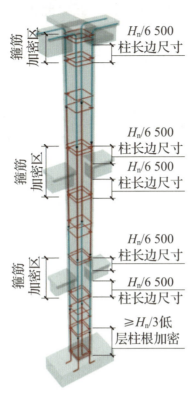

图 3-2-2 楼层框架柱纵筋构造的三维示意图

框架柱节点
钢筋构造

3.2.2 中柱柱顶纵筋的构造

中柱柱顶纵筋的构造如图 3-2-3 所示，角柱和边柱的构造可参见《混凝土结构施工图平面整体表示方法制图规则和构造详图（现浇混凝土框架、剪力墙、梁、板）》（以下简称《22G101-1》）。

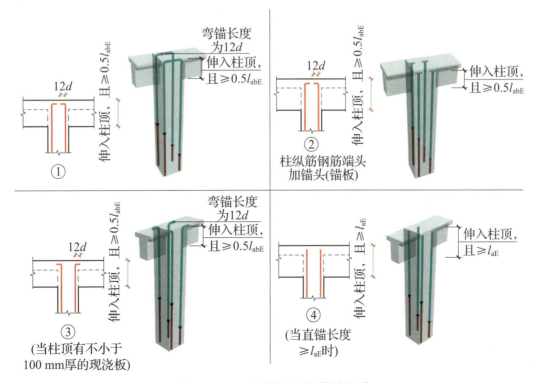

图 3-2-3 中柱柱顶纵筋的构造

3.2.3 柱插筋的构造

柱插筋的构造如图 3-2-4 所示。

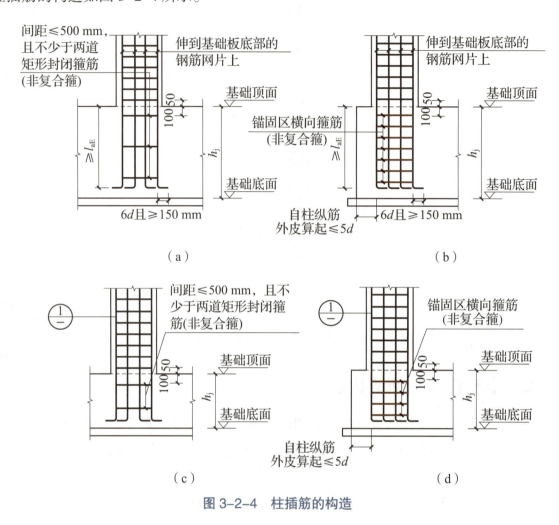

图 3-2-4 柱插筋的构造

（a）保护层厚度>5d；基础高度满足直锚；（b）保护层厚度≤5d；基础高度满足直锚；
（c）保护层厚度>5d；基础高度不满足直锚；（d）保护层厚度≤5d；基础高度不满足直锚

（1）图中 h_j 为基础底面至基础顶面的高度，柱下为基础梁时，h_j 为梁底面至梁顶面的高度。当柱两侧基础梁标高不同时取较低标高。

（2）锚固区横向箍筋应满足直径 >$d/4$（d 为纵筋最大直径），间距 ≤ 5d（d 为纵筋最小直径）且 ≤ 100 mm 的要求。

（3）当柱纵筋在基础中保护层厚度不一致（如纵筋部分位于梁中，部分位于板内），保护层厚度 ≤ 5d 的部分应设置锚固区横向钢筋。

（4）当符合下列条件之一时，可仅将柱四角纵筋伸至底板钢筋网片上或者筏形基础中间层钢筋网片上（伸至钢筋网片上的柱纵筋间距不应大于 1 000 mm），其余纵筋锚固在基础顶面下 l_{aE} 即可。

①柱为轴心受压或小偏心受压，基础高度或基础顶面至中间层钢筋网片顶面距离不小于1 200 mm；

②柱为大偏心受压，基础高度或基础顶面至中间层钢筋网片顶面距离不小于1 400 mm。

（5）图中 d 为柱纵筋直径。

3.2.4　框架柱箍筋的构造

框架柱箍筋的构造如图 3-2-5 所示。各类柱的箍筋构造可参见《22G101-1》。

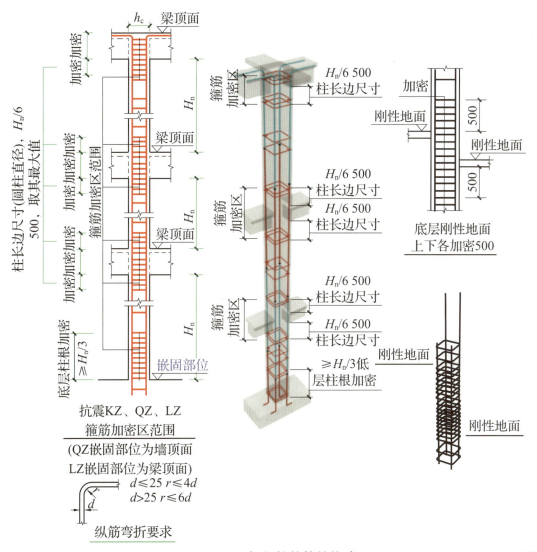

图 3-2-5　框架柱箍筋的构造

框架柱箍筋
构造

3.3　课堂活动（工学活动）

3.3.1　工作情景描述

为了提升学生对柱平法施工图的识读能力，现有一项框架柱结构施工图交底任务，老师要求学生认真阅读资料，理解图纸设计意图，对图纸所表达信息进行仔细分析，系统消化，并完成交底任务。具体资料和要求如下。

现有 19.470~37.470 标高的柱平法施工图（局部）。为保证钢筋班组成员在框架柱钢筋绑扎工作中不出现差错，并按时完成任务，项目部要求施工员小李明天在项目部会议室对钢筋班组成员进行框架柱平法施工图交底。

假如你是施工员小李，你应该如何做？

3.3.2　活动要求

学生按照工学流程完成工作页中的工学活动，运用钢筋混凝土柱结构施工图识读的基本知识，完成工作情景中的交底任务。

小课堂

从门外汉到世界冠军——记第 44 届世界技能大赛砌筑项目金牌选手梁智滨

梁智滨，全国首位砌筑项目世界冠军，以自己的亲身经历告诉我们只要坚持不懈地追求自己的梦想，就会有实现的可能。在全面建设社会主义现代化国家新征程中，职业教育前途广阔，大有可为。

当年梁智滨因为中考失利，没有考上市里的重点高中，他选择了广州市建筑工程职业学校，就读施工专业。学校每年都举办技能节活动，为了得到额外的学分，梁智滨报名参加了砌筑项目比赛。他坚持刻苦训练，最终在技能节砌筑项目比赛中获得了第一名。一年后，在山东举办的第 44 届世赛砌筑项目全国选拔赛，他获得了第二名，顺利成为国家集训队的一员。在国家集训基地的训练中，梁智滨每天都按规定完成教练布置的任务。经过 10 进 5、5 进 2、2 进 1 选拔赛后，梁智滨终于可以代表中国，参加在阿拉伯联合酋长国首都阿布扎比举行的第 44 届世界技能大赛砌筑项目的比赛。

　　抹上水泥，用手护住砖块边缘，再将挑选好的砖块精准放置在水泥上，轻轻一压，用工具轻敲，使砖块和水泥间的空气尽可能排出，最后用铲子将边缘多余的水泥铲掉。这就是梁智滨在世界技能大赛上的样子，手起砖落，干净利落，一气呵成。

　　这次大赛一共有三道题。4天时间，参赛者要在22个小时内砌出3面墙，让梁智滨颇感有难度的是砌筑有隼图案的墙。"隼的嘴部是悬空的，为了让这个部分牢固，最后决定用钢板支撑起来才解决。"22小时比赛的背后，是毅力和耐心。每天他都要砌一面墙，然后推倒，如此不断重复训练。加上准备材料和赛后清理场地、晚上看图纸学习的时间，梁智滨一天要训练十几个小时。

　　金牌拿到手后，梁智滨又恢复了往常的沉默。"在未来的日子里，我会不断向专家、教练请教，不断向国外的选手学习，期待更美的远方。"梁智滨说。

学习任务四
梁结构施工图交底

 **职业能力目标**

1. 领取工作页中的任务，明确任务要求。

2. 能制作一份梁施工图交底记录表。

3. 能制作一份梁信息一览表。

4. 能获取梁信息，并结合施工图，完善梁信息一览表。

5. 能结合施工图，绘制指定梁大样图（含钢筋抽样图）。

6. 能结合施工图，实际绑扎指定梁的缩小版梁钢筋。

7. 能实施指定梁的施工图交底，并形成记录。

8. 能互相检查绘制的梁大样图，并分析误差。

9. 能互相检查绑扎缩小版梁钢筋，并分析误差。

10. 能正确整理交底资料，清晰地反馈交底成果。

11. 能结合任务完成情况，正确规范地撰写工作总结。

职业素养目标

1. 能根据交底成果绘制的梁的大样图、绑扎的缩小版梁钢筋并对学习和工作进行反思总结。

2. 能与他人展开良好合作，进行有效沟通。

3. 在工学活动中能够完成角色扮演，本验、理解不同岗位的立场和需要掌握的职业能力。

 **建议学时**

18 学时

4.1　梁平法施工图导读

梁平法施工图导读

4.1.1　梁平法施工图的表示方法

（1）梁平法施工图是在梁平面布置图上采用平面注写方式或截面注写方式表达。一般施工图主要采用平面注写方式。

（2）梁平面布置图，应分别按梁的不同结构层（标准层），将全部梁与其他关联的柱、墙、板一起采用适当比例绘制。

（3）在梁平法施工图中，应注明结构层的顶面标高及相应的结构层号。

（4）对于轴线未居中的梁，应标注其偏心定位尺寸。

4.1.2　梁的平面注写方式

梁的平面注写方式是在梁平面布置图上，分别在不同编号的梁中各选一根梁，在其上用注写截面尺寸和配筋具体数值的方式来表达梁平法施工图。

梁的平面注写包括集中标注和原位标注：集中标注表达梁的通用数值；原位标注表达梁的特殊数值。当集中标注中的某项数值不适用于梁的某部位时，则将该项数值在该部位原位标注。在施工时，一般按照原位标注取值优先原则执行，如图 4-1-1 所示。

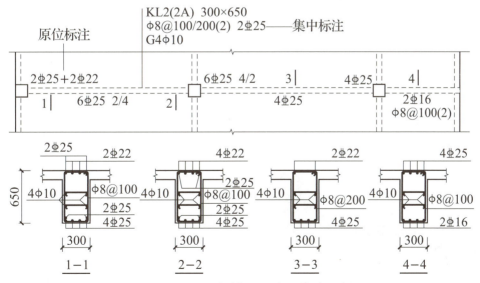

图 4-1-1　梁的平面注写方式示例

1. 梁的集中标注

梁的集中标注的内容有五项必注值及一项选注值（集中标注可以从梁的任意一跨引出）。必注值包括梁编号、梁截面尺寸、梁箍筋、梁上部通长筋或架立筋配置、梁侧面构造纵筋或受扭筋配置；选注值包括梁顶面标高高差。

（1）梁编号。

梁编号由梁类型代号、序号、跨数及有无悬挑代号组成，即梁编号 = 梁类型代号 + 序号 + （跨数 + 有无悬挑），并应符合表 4-1-1 的规定。双跨梁一端悬挑和双跨梁两端悬挑分别如图 4-1-2 和图 4-1-3 所示。

表 4-1-1　梁编号

梁类型	代号	序号	跨数及有无悬挑
楼层框架梁	KL	××	（××）、（××A）或（××B）
屋面框架梁	WKL	××	（××）、（××A）或（××B）
框支梁	KZL	××	（××）、（××A）或（××B）
非框架梁	L	××	（××）、（××A）或（××B）
悬挑梁	XL	××	（××）、（××A）或（××B）
井字梁	JZL	××	（××）、（××A）或（××B）

注：（××A）为一端悬挑，（××B）为两端悬挑，悬挑不计入跨数。

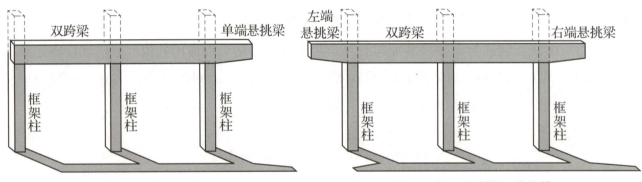

图 4-1-2　双跨梁一端悬挑　　　　　图 4-1-3　双跨梁两端悬挑

（2）梁截面尺寸。

①当为等截面梁时，用 $b \times h$ 表示，其中，b 为梁截面宽度，h 为梁截面高度。

②当为竖向加腋梁时，用 $b \times h Y c_1 \times c_2$ 表示，其中，c_1 为腋长，c_2 为腋高，如图 4-1-4 所示。

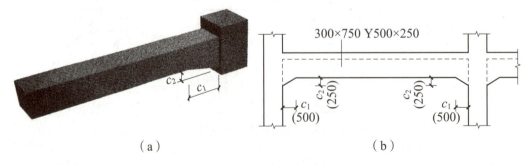

300×750 Y500×250

（a）　　　　　　　　　（b）

图 4-1-4　竖向加腋梁

（a）竖向加腋梁效果图；（b）竖向加腋梁截面注写示意图

③当为水平加腋梁时，一侧加腋时用 $b \times h\,\mathrm{PY}c_1 \times c_2$ 表示，其中，c_1 为腋长，c_2 为腋宽，如图 4-1-5 所示。

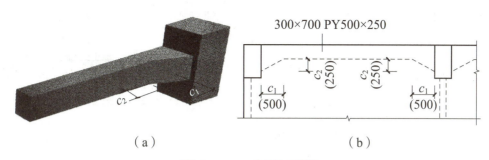

（a）　　　　　　　　　　　　　　（b）

图 4-1-5　水平加腋梁

（a）水平加腋梁效果图；（b）水平加腋梁截面注写示意图

④当有悬挑梁且根部和端部的高度不同时，用斜线分隔根部与端部的高度值，即 $b \times h_1/h_2$，如图 4-1-6 所示。

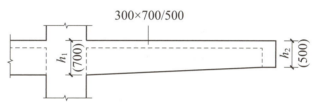

图 4-1-6　悬挑梁不等高截面注写示意图

（3）梁箍筋。

梁箍筋包括钢筋级别、直径、加密区与非加密区间距及肢数，如图 4-1-7 所示。

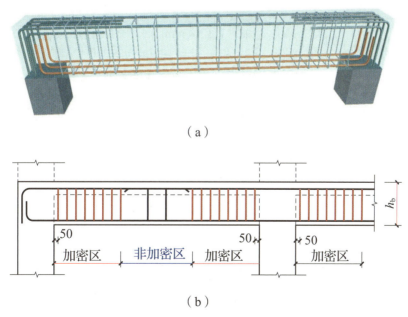

（a）

（b）

图 4-1-7　梁箍筋

（a）梁箍筋效果图；（b）框架梁箍筋示意图

①箍筋加密区与非加密区的不同间距及肢数需用"/"分隔。

②当梁箍筋为同一种间距及肢数时，无须用斜线。

③当加密区与非加密区的箍筋肢数相同时，需将肢数注写一次，箍筋肢数应写在括号内。

④非框架梁、悬挑梁、井字梁采用不同的箍筋间距及肢数时，也用"/"将其分开，先注写梁支座端部的箍筋（包括箍筋的箍数、钢筋级别、直径、间距与肢数），再在斜线后注写梁跨中部分箍筋间距及肢数，如图4-1-8所示。

（4）梁上部通长筋或架立筋配置。

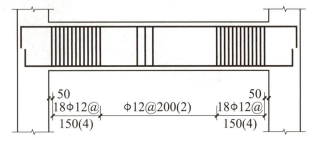

图 4-1-8　非框架梁、悬挑梁、井字梁箍筋示意图

①当同排纵筋中既有通长筋又有架立筋时，应用"+"将通长筋和架立筋关联，注写时需将角筋写在加号的前面，以示不同直径及与通长筋的区别。当全部采用架立筋时，需将其写在括号内。

②当梁的上部纵筋和下部纵筋为全跨相同，且多数跨配筋相同时，此项可加注下部纵筋的配筋值，用"；"将上部纵筋与下部纵筋的配筋值分隔开来，少数跨配筋不同时，采用原位标注，如图4-1-9所示。

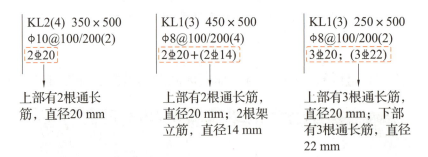

图 4-1-9　梁上部通长筋或架立筋

③架立筋是一种构造筋，是为解决箍筋的绑扎问题而设置的，在梁内起架立作用，用来固定箍筋和形成钢筋骨架，如图4-1-10所示。

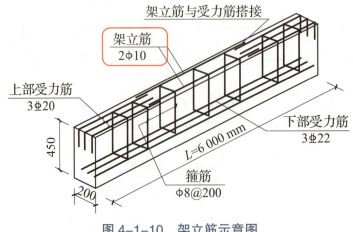

图 4-1-10　架立筋示意图

（5）梁侧面构造纵筋或受扭筋。

①当梁腹板高度 $h_w \geq 450$ mm 时，需配置构造纵筋，所注规格与根数应符合规范规定。此项注写值以大写字母 G 打头，接续注写设置在梁两个侧面的总配筋值，且对称配置，如图 4-1-11 所示。

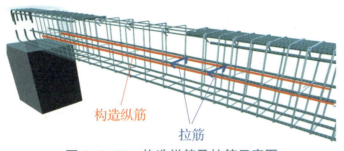

图 4-1-11　构造纵筋及拉筋示意图

②当梁侧面需配置受扭筋时，此项注写值以大写字母 N 打头，接续注写设置在梁两个侧面的总配筋值，且对称配置。受扭纵筋应满足梁侧面构造纵筋的间距要求，且不再重复配置构造纵筋。

（6）梁顶面标高高差（选注值）。

梁顶面标高高差，是指相对于结构层楼面标高高差值，对于位于结构夹层的梁，则指相对于结构夹层楼面标高的高差。有高差时，需将其写入括号内，无高差时不注。当某梁的顶面高于所在结构层的楼面标高时，其标高高差为正值，反之为负值，如图 4-1-12 所示。

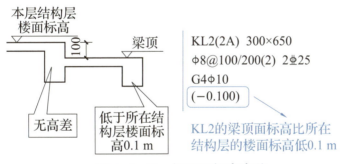

图 4-1-12　梁顶面标高高差

2. 梁的原位标注

梁的原位标注的内容为梁上部纵筋、梁下部纵筋、梁综合原位标注、附加箍筋或附加吊筋等，如图 4-1-13 所示。

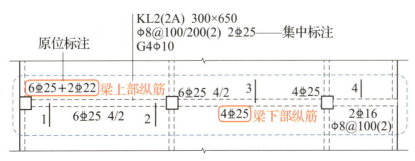

图 4-1-13　梁的原位标注

（1）梁上部纵筋。

梁上部纵筋含通长筋在内的所有纵筋，标注在梁上方支座处。

①当上部纵筋多于一排时，用"/"将各排纵筋自上而下分开，如图4-1-14所示。

②当同排纵筋有两种直径时，用"+"将两种直径的纵筋相连，注写时将角筋写在前面，如图4-1-15所示。

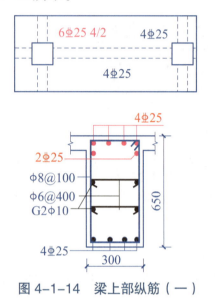

图4-1-14　梁上部纵筋（一）

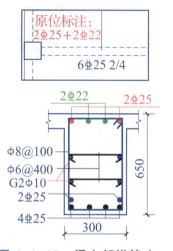

图4-1-15　梁上部纵筋（二）

③当梁中间支座两边的上部纵筋不同时，需在支座两边分别标注；当梁中间支座两边的上部纵筋相同时，可仅在支座的一边标注配筋值，另一边省去不注，如图4-1-16所示。

图4-1-16　梁上部纵筋（三）

（2）梁下部纵筋。

梁下部纵筋标注在梁下部跨中的位置。

①当下部纵筋多于一排时，用"/"将各排纵筋自上而下分开，如图4-1-17所示。

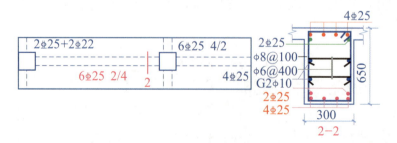

图4-1-17　梁下部纵筋（一）

②当同排纵筋有两种直径时，用"+"将两种直径的纵筋相连，注写时将角筋写在前面，如图 4-1-18 所示。

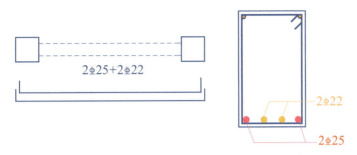

图 4-1-18　梁下部纵筋（二）

③当梁下部纵筋不全部伸入支座时，将梁支座下部纵筋减少的数量写在括号内，如图 4-1-19 所示。

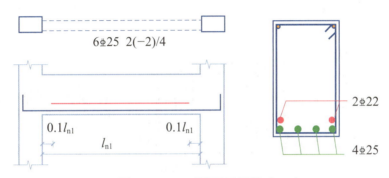

图 4-1-19　梁下部纵筋（三）

（3）梁综合原位标注。

当梁的集中标注的内容（即梁截面尺寸、箍筋、上部通长筋或架立筋，梁侧面构造纵筋或受扭纵筋，以及梁顶面标高高差中某一项或几项数值）不适用于某跨或某悬挑部分时，则将其不同数值原位标注在该跨或该悬挑部位，施工时应按原位标注数值取用，如图 4-1-20 所示。

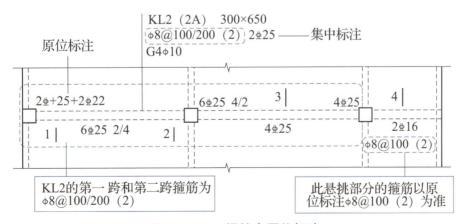

图 4-1-20　梁综合原位标注

（4）附加箍筋或附加吊筋。

附加箍筋或附加吊筋，将其直接画在平面图中的主梁上，用线引注总配筋值（附加箍筋的肢数注在括号内）。当多数附加箍筋或附加吊筋相同时，可在梁平法施工图上统一注明；少数与统一注明值不同时，再原位引注，如图 4-1-21 所示。

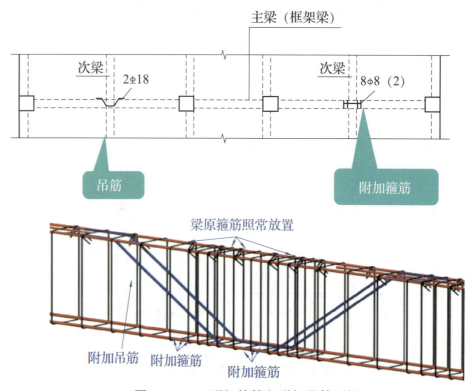

图 4-1-21　附加箍筋和附加吊筋示例

4.1.3　梁的截面注写方式

梁的截面注写方式，是在分标准层绘制的梁平面布置图上，分别在不同编号的梁中各选择一根梁用剖面号引出配筋图，并在其上用注写截面尺寸和配筋具体数值的方式来表达梁平法施工图。

在截面配筋详图上注写截面尺寸 $b \times h$、上部筋、下部筋、侧面构造筋或受扭筋以及箍筋的具体数值时，其表达形式与平面注写方式相同，如图 4-1-22 所示。

截面注写方式既可以单独使用，也可以与平面注写方式结合使用。

在梁平法施工图的平面图中，当局部区域的梁布置过密时，除了采用截面注写方式外，还可将过密区用虚线框出，适当放大比例后再用平面注写方式表示。当表示异型截面梁的尺寸和配筋时，用截面注写方式相对比较方便。

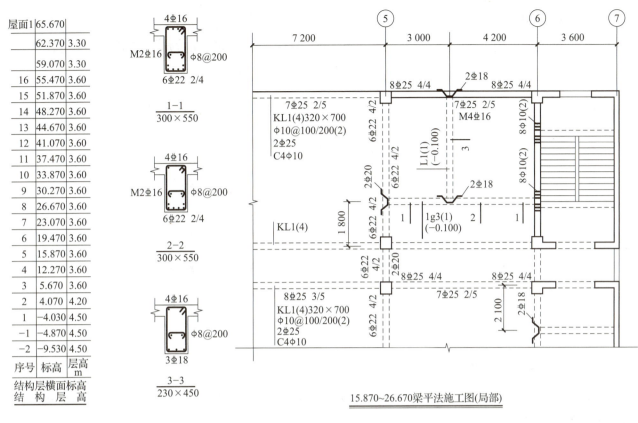

序号	标高	层高 m
屋面1	65.670	
	62.370	3.30
	59.070	3.30
16	55.470	3.60
15	51.870	3.60
14	48.270	3.60
13	44.670	3.60
12	41.070	3.60
11	37.470	3.60
10	33.870	3.60
9	30.270	3.60
8	26.670	3.60
7	23.070	3.60
6	19.470	3.60
5	15.870	3.60
4	12.270	3.60
3	5.670	3.60
2	4.070	4.20
1	-4.030	4.50
-1	-4.870	4.50
-2	-9.530	4.50

结构层楼面标高
结 构 层 高

15.870~26.670梁平法施工图(局部)

图 4-1-22　梁的截面注写方式示例

4.2 梁标准构造详图

4.2.1　楼层框架梁纵筋的构造

梁钢筋骨架如图 4-2-1 所示。

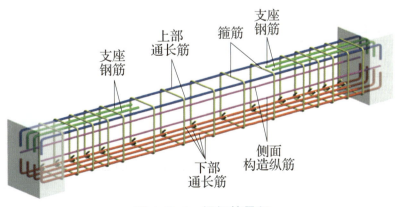

图 4-2-1　梁钢筋骨架

1. l_n、h_c 的识读

l_n 为梁的净跨度值。对于端跨，l_n 为本跨净长；对于中间跨，l_n 为相邻两跨净长的较大值。h_c 为柱截面沿框架方向的高度。l_n 和 h_c 的关系如图 4-2-2 所示。

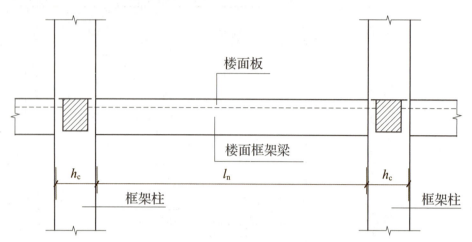

图 4-2-2　l_n 和 h_c 的关系

2. 梁上部通长筋的构造（见图 4-2-3、图 4-2-4）

（1）通长筋指直径不一定相同，但必须采用搭接、焊接和机械连接接长且两端一定在端支座锚固的钢筋。通长筋属于"抗震构造"需要，架立筋属于"一般构造"需要。

（2）梁上部通长筋与非贯通钢筋直径相同时，连接位置宜在跨中 $l_{ni}/3$ 范围内。

（3）梁上部通长筋在端支座处的锚固方式为伸至柱外侧纵筋内侧，且不小于 $0.4l_{abE}$，然后弯锚 15d。

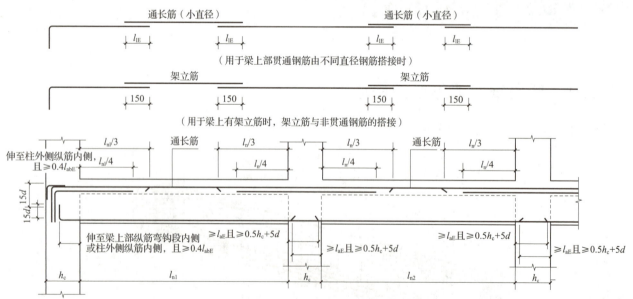

图 4-2-3　楼层框架梁 KL 纵筋的构造

框架梁纵筋的
构造与计算

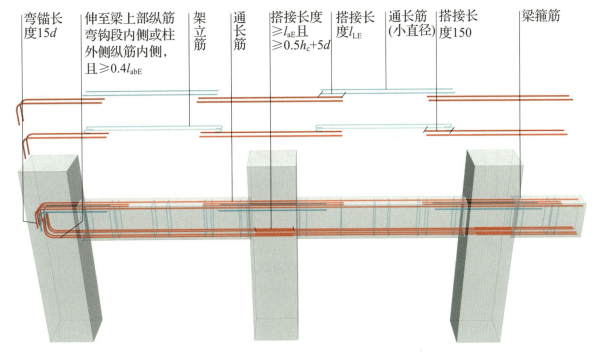

图 4-2-4　楼层框架梁 KL 纵筋构造的三维示意图

3. 端支座钢筋的构造

（1）端支座。

端支座钢筋的构造如图 4-2-5 所示。端支座负筋的三维示意图如图 4-2-6 所示。

①端支座负筋的延伸长度从支座边算起。

②第一排端支座负筋的延伸长度为净跨的 1/3，即 $l_{n1}/3$。

③第二排端支座负筋的延伸长度为净跨的 1/4，即 $l_{n1}/4$。

④伸入端支座的锚固方式为伸至柱外侧纵筋内侧，且 $\geq 0.4l_{abE}$，然后弯锚 15d。

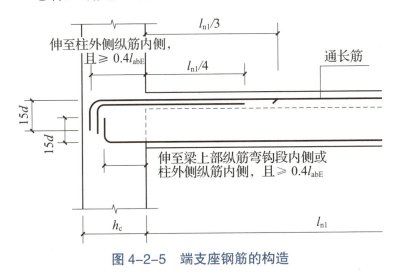

图 4-2-5　端支座钢筋的构造

图 4-2-6　端支座负筋的三维示意图

（2）中间支座。

中间支座钢筋的构造如图 4-2-7 所示。中间支座负筋的三维示意图如图 4-2-8 所示。

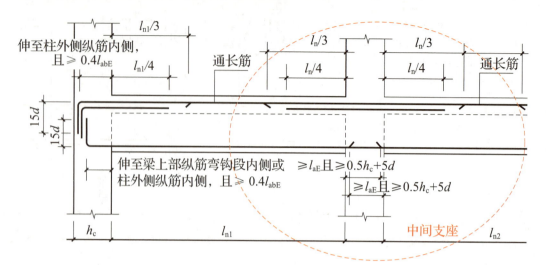

图 4-2-7　中间支座钢筋的构造

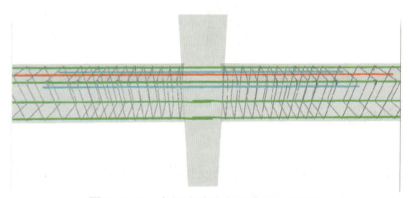

图 4-2-8　中间支座负筋的三维示意图

①中间支座负筋的延伸长度从支座边算起。

②中间支座第一排负筋的延伸长度为相邻两跨中净跨较大值的 1/3，即 $l_n/3$（l_n 为 l_{ni} 和 l_{ni+1} 中的较大值，其中 $i=1$，2，3…）。

③中间支座第二排负筋的延伸长度为相邻两跨中净跨较大值的 1/4，即 $l_n/4$（l_n 为 l_{ni} 和 l_{ni+1} 中的较大值，其中 $i=1$，2，3…）。

4. 梁架立筋的构造

梁架立筋的构造如图 4-2-9 所示。

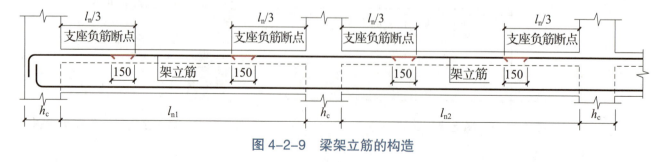

图 4-2-9　梁架立筋的构造

梁架立筋与中间支座负筋的搭接长度为 150 mm。

5. 梁下部筋的构造

（1）梁下部通长筋的识读。

梁下部通长筋的构造详见楼层框架梁 KL 纵筋的构造，如图 4-2-3 所示，梁下部通长筋的三维示意图如图 4-2-10 所示。下部通长筋在端支座处的锚固方式为：伸至梁上部纵筋弯钩内侧或柱外侧纵筋内侧，且 $\geqslant 0.4 l_{abE}$，并弯锚 15d。

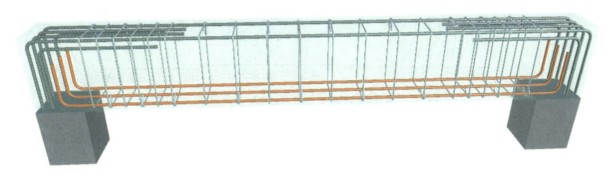

图 4-2-10　梁下部通长筋的三维示意图

（2）梁下部非通长筋（伸入中间支座）的识读。

梁下部非通长筋（伸入中间支座）的构造详见楼层框架梁 KL 纵筋的构造，如图 4-2-3 所示，梁下部非通长筋在中间支座处的三维示意图如图 4-2-11 所示。

①下部非通长筋（伸入中间支座）在端支座处的锚固方式（图 4-2-11）为伸至梁上部纵筋弯钩端内侧或柱外侧纵筋内侧，且 $\geqslant 0.4 l_{abE}$，并弯锚 15d。

②下部非通长筋（伸入中间支座）在中间支座处的锚固方式为伸至中间支座内的长度 $\geqslant l_{aE}$，且 $\geqslant 0.5 h_c + 5d$。

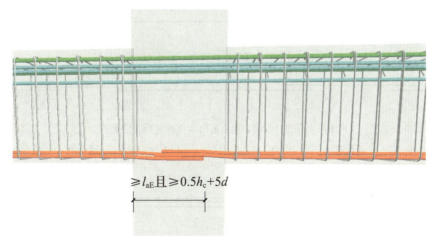

$\geqslant l_{aE}$ 且 $\geqslant 0.5 h_c + 5d$

图 4-2-11　梁下部非通长筋在中间支座处的三维示意图

（3）梁下部非通长筋（不伸入中间支座）的识读。

梁下部非通长筋（不伸入中间支座）的构造如图 4-2-12 所示，断点位置为距中间支座边 $0.1l_{ni}$，l_{ni} 为本跨的净跨值。

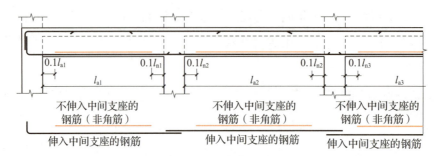

图 4-2-12　梁下部非通长筋（不伸入中间支座）的构造

6. 端支座直锚的构造

端支座直锚的构造可参见《22G101-1》第 89 页。

（1）端支座直锚条件：当（中间支座柱宽 h_c – 保护层）$\geq l_{aE}$ 且 $\geq$（$0.5h_c + 5d$）时，钢筋直锚；当不满足直锚时，钢筋需弯锚。

（2）直锚的长度 =l_{aE} 和 $\geq$（$0.5h_c + 5d$）取大值。

4.2.2　屋面框架梁纵筋的构造

屋面框架梁 WKL 纵筋的构造如图 4-2-13 所示，除上部纵筋在端支座处的弯锚长度不同外，与楼层框架梁 KL 纵筋构造类似。楼层框架梁上部纵筋在端支座处弯锚长度为 $15d$，屋面框架梁上部纵筋在端支座处为弯锚且伸至梁底，弯锚长度 = 梁高 – 保护层。

图 4-2-13　屋面框架梁 WKL 纵筋的构造

4.2.3 梁变截面的构造

KL 中间支座纵筋的构造如图 4-2-14 和图 4-2-15 所示，其他类型可参见《22G101-1》。

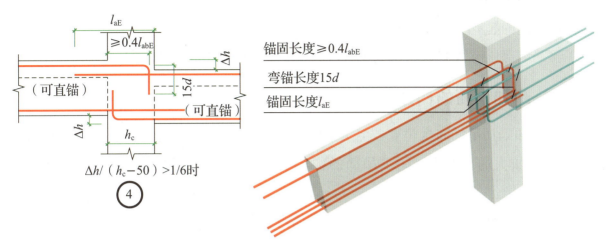

图 4-2-14 KL 中间支座纵筋的构造（一）

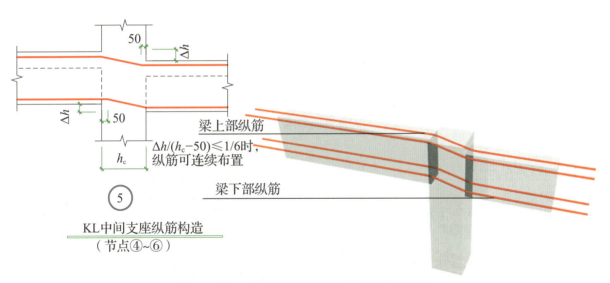

图 4-2-15 KL 中间支座纵筋的构造（二）

4.2.4 框架梁箍筋的构造

框架梁 KL、WKL 箍筋加密区范围如图 4-2-16 所示。

箍筋及其它钢筋构造与计算

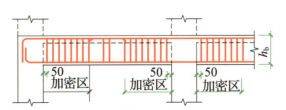

加密区：抗震等级为一级，$\geq 2.0h_b$ 且 ≥ 500
抗震等级为二~四级，$\geq 1.5h_b$ 且 ≥ 500

图 4-2-16 框架梁 KL、WKL 箍筋加密区范围

（1）加密区。

当抗震等级为一级时：$\geqslant 2.0h_b$ 且 $\geqslant 500$；当抗震等级为二～四级时：$\geqslant 1.5h_b$ 且 $\geqslant 500$。其中，h_b 为梁截面高度。

（2）梁箍筋的起步距离为 50 mm。

（3）箍筋端部弯钩为 135°，弯钩平直段的长度为 10d 和 75 mm 取大值。

4.2.5　附加钢筋的构造

附加箍筋和附加吊筋布置位置：主次梁相交处，布置在主梁上；次梁与次梁相交处，布置在截面尺寸较大的次梁上。附加吊筋的构造中，b 为次梁的截面宽度；当主梁高度大于 800 mm 时，$\alpha=60°$。

（1）附加箍筋的构造如图 4-2-17 所示，具体内容可参见《22G101-1》。

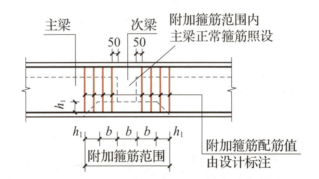

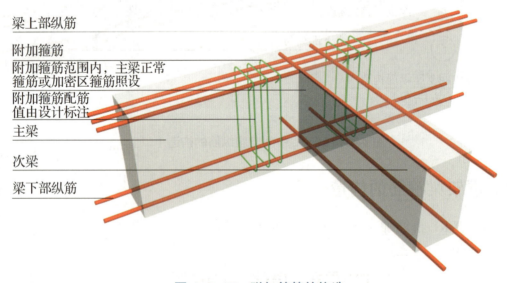

图 4-2-17　附加箍筋的构造

（2）附加吊筋的构造如图 4-2-18 所示，具体内容可参见《22G101-1》。

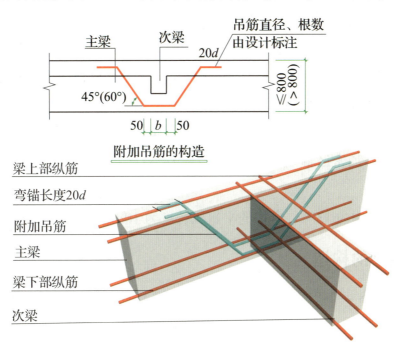

图 4-2-18　附加吊筋的构造

4.2.6　非框架梁的构造

非框架梁的构造如图 4-2-19 所示，具体内容可参见《22G101-1》第 96 页。

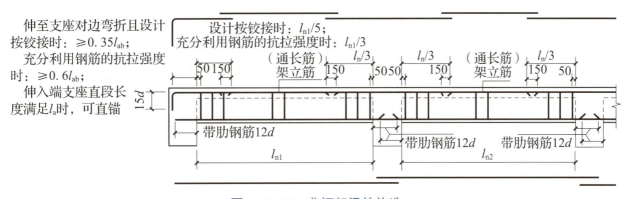

图 4-2-19　非框架梁的构造

4.2.7　梁侧面构造钢筋或受扭钢筋和拉筋的构造

侧面构造钢筋和拉筋构造如图 4-2-20 所示。

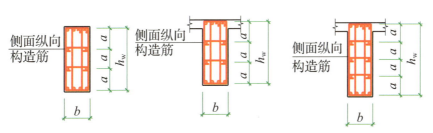

图 4-2-20　梁侧面纵向构造钢筋和拉筋

（1）当 $h_w \geqslant 450$ mm 时，在梁的两个侧面应沿高度配置构造纵筋；构造纵筋间距 $a \leqslant 200$ mm。

（2）当侧面配有直径不小于构造纵筋的受扭筋时，受扭筋可以代替构造纵筋。

（3）梁侧面构造纵筋的搭接与锚固长度可取 $15d$。梁侧面受扭纵筋的搭接长度为 l_{lE}，其锚固长度为 l_{aE} 或 l_a，锚固方式同框架梁下部纵筋。

（4）当梁宽 $\leqslant 350$ mm 时，拉筋直径为 6 mm；梁宽 > 350 mm 时，拉筋直径为 8 mm。

（5）拉筋间距为非加密区箍筋间距的 2 倍；当设有多排拉筋时，上下两排拉筋竖向错开布置。

（6）拉筋端部的弯钩为 135°，弯钩的平直段长度为 $10d$ 和 75 mm 取大值。

4.2.8　悬挑梁的构造

悬挑梁的构造如图 4-2-21 所示，更多纯悬挑梁及各类梁的悬挑端配筋的构造可参见《22G101-1》第 99 页。

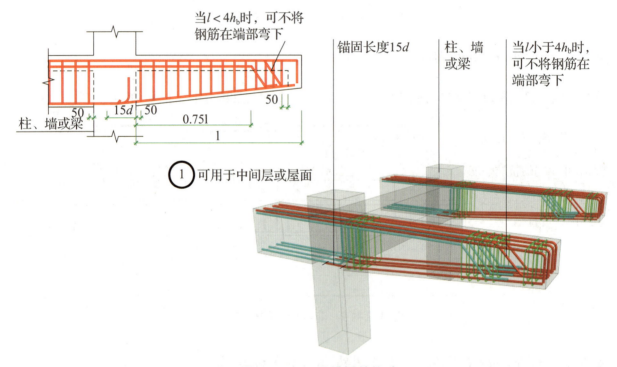

图 4-2-21　悬挑梁的构造

悬挑梁钢筋的构造与计算

4.3　课堂活动（工学活动）

梁平法施工
图识读案例

4.3.1　工作情景描述

为了提升学生对梁平法施工图的识读能力，现有一项梁结构施工图交底任务，老师要求学生认真阅读资料，理解图纸设计意图，对图纸所表达信息进行仔细分析，系统消化，并完成交底任务。具体资料和要求如下。

> ××市××中学教学楼，共5层，总建筑高度为20.05 m，总建筑面积为1 446.45 m²。为保证钢筋班组成员在3.570~14.370标高的梁钢筋绑扎工作中不出现差错，并按时完成任务，项目部要求施工员小李明天在项目部会议室对钢筋班组成员进行3.570~14.370标高的梁平法施工图交底。
>
> 假如你是施工员小李，你应该如何做？

4.3.2　活动要求

学生按照工学流程完成工作页中的工学活动，运用钢筋混凝土梁结构施工图识读的基本知识，完成工作情景中的交底任务。

💡 小课堂

中国基建再亮"肌肉"——记世界第一跨海大桥港珠澳大桥

中国港珠澳跨海大桥是一座连接香港、珠海和澳门的巨大桥梁，它集桥、岛、隧于一体，被誉为人类史上的超级工程。大桥全长为49.968 km，主体工程"海中桥隧"长为35.578 km，其中海底隧道长约为6.75 km，桥梁长约为29 km，设计时速为100 km。大桥主体工程于2009年12月15日开工建设，建造历时8年，2018年10月24日上午9时正式通车。港珠澳大桥在促进香港、澳门和珠江三角洲西岸地区经济上的进一

港珠澳大桥

步发展具有重要的战略意义。

（1）最长：港珠澳大桥有全长为 5 664 m 的海底隧道，其由 33 节钢筋混凝土结构的沉管对接而成，是世界上最长的海底沉管隧道。

（2）最大：沉管隧道浮在水中的时候，每一节的排水量约为 75 000 t，而辽宁号航母满载时的排水量也只有 67 500 t。

（3）最重：沉管预制由工厂化标准生产，使用的钢筋量相当于埃菲尔铁塔。在这 75 000 t 重的沉管下面，是预先安装好的 256 个液压千斤顶。

（4）最用心：海上的气候条件，很大程度上决定了沉管浮运和对接的成败。工程方一年多前就与国家海洋局海洋环境预报中心合作，做精细化、小区域的海洋环境预报，每天坚持监测预报，花费达 3 000 万元，只为每个沉管找两三天的作业时间。

（5）最精细：在沉管隧道安装之前，还要在挖好的基槽中做碎石基床基础，即要在 40 m 深的海底，铺设一条 42 m 宽、30 cm 厚的平坦"石褥子"，而这条"石褥子"的平整度误差要控制在 4 cm 以内。

（6）最精确：沉管在海平面以下 13～44 m 的水深处进行无人对接。对接在环境繁杂的海底举行，受多种环境介质影响，共需对接 33 次，耗时 3 年。沉管连接处橡胶止水带要可用 120 年，对接误差控制在 2 cm 以内。

截至 2024 年中国已拥有了超过 10 座跨海大桥，其他类型的桥梁更是多不胜数。虽然相对于中国大陆 1.8 万 km 的漫长海岸线，跨海大桥的数量似乎并不多，但是这些跨海大桥所涉及的技术难度及规模，已经稳稳地站立在了世界之巅。不仅如此，造桥工程也像中国的高铁一样，开始向世界输出，展示出中国的基建"肌肉"。今天的中国在桥梁建设方面，早已经一骑绝尘。

职业能力目标

1. 课前能独立划出"工作情景描述"中的关键信息，领取工作页中的任务，明确任务要求。

2. 能制作一份板施工图交底记录表。

3. 能制作一份板信息一览表。

4. 能获取板信息，并结合施工图，完善板信息一览表。

5. 能结合施工图，绘制指定板的大样图（含钢筋抽样图）。

6. 能实施指定板的施工图交底，并形成记录。

7. 能互相检查绘制的板的大样图，并分析误差。

8. 能正确整理交底资料，清晰地反馈交底成果。

9. 能结合任务完成情况，正确规范地撰写工作总结。

职业素养目标

1. 能根据交底成果绘制的板的大样图，并对学习和工作进行反思总结。

2. 能与他人展开良好合作，进行有效沟通。

建议学时

16学时

5.1 板平法施工图导读

钢筋混凝土板的类型和构造

在工业与民用建筑中，钢筋混凝土板单独或与梁组合共同形成建筑结构的主要水平承重构件，常用作屋盖、楼盖、楼梯、雨篷、平台、挡土墙、基础和桥梁等，应用范围极广。钢筋混凝土板的应用如图 5-1-1 所示。

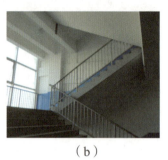

（a）　　　　　　　　　　（b）　　　　　　　　　　（c）

图 5-1-1　钢筋混凝土板的应用

（a）钢筋混凝土楼盖；（b）现浇板式楼梯；（c）立交桥

通过本工作任务的学习，学生能够了解板的类型、截面形式与尺寸；识别板内各部分钢筋的名称、位置；掌握楼盖板平法施工图的表示内容、绘制方法；理解板的编号、标高、尺寸、受力钢筋、分布钢筋和构造钢筋的表示方法；正确识读板平法施工图（图 5-1-2）。

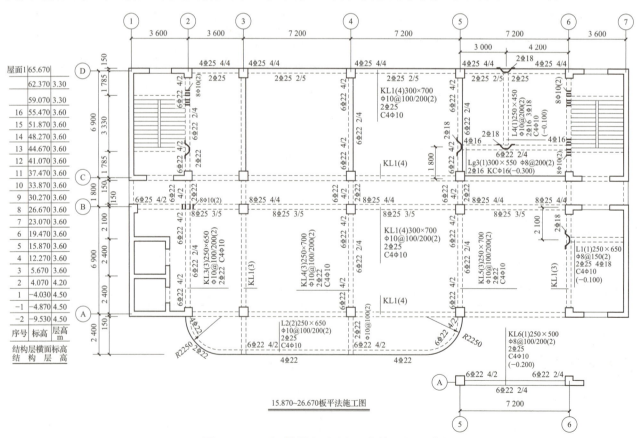

15.870~26.670板平法施工图

图 5-1-2　钢筋混凝土板平法施工图示例

5.1.1　钢筋混凝土板的类型

（1）按制造和施工方法，可分为现浇板和预制板，如图5-1-3所示。

钢筋混凝土现浇板刚度大、整体性好、防水性能好、抗震性能好、开洞方便，但支模工作量大、施工工期长。钢筋混凝土预制板施工速度快，便于工业化生产，但是楼面接缝多，整体性、抗震性能差。目前钢筋混凝土楼盖一般采用现浇板。

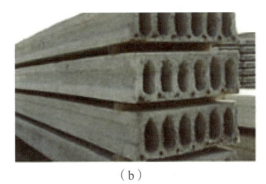

（a）　　　　　　　　　　　　　　　　（b）

图5-1-3　钢筋混凝土现浇板和预制板

（a）现浇板；（b）预制板

（2）按支承方式，可分为悬挑板、简支板、多跨连续板，如图5-1-4所示。

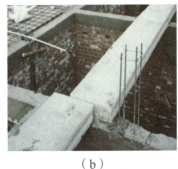

（a）　　　　　　　　（b）　　　　　　　　（c）

图5-1-4　钢筋混凝土板的支承方式

（a）悬挑板；（b）简支板；（c）多跨连续板

悬挑板（悬臂板）多用于雨篷、阳台、挑檐等，在竖向荷载作用下，板上部受拉，在板的固定端产生最大负弯矩，受力钢筋应配置在板的上部，且在支座处要有足够的锚周长度。简支板是指将预制板或现浇板直接搁置在砖墙等支承构件上，受力特点与简支梁相同。多跨连续板分为有梁楼盖板和无梁楼盖板，其受力特点是跨中为正弯矩下侧受拉，支座处为负弯矩上侧受拉。

（3）按受力和构造形式，可分为单向板和双向板，如图5-1-5所示。

悬挑板和两对边支承板为单向板。对于四边支承的板，当长边与短边比值不小于3时，可按沿短边方向的单向板计算，但应沿长边方向布置足够数量的构造钢筋；当长边与短边比值介于2与3之间时，也按双向板计算；当长边与短边比值不大于2时，应按双向板计算。由单向板和梁组成的楼盖称为单向板肋梁楼盖；由双向板和梁组成的楼盖称为双向板肋梁楼盖；由板和柱组成的楼盖称为无梁楼盖。

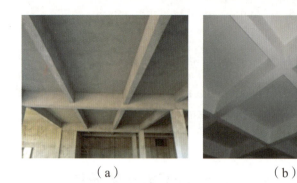 

（a）　　　　　　　　　（b）　　　　　　　　　（c）

图 5-1-5　钢筋混凝土板的受力和构造形式

（a）单向板肋梁楼盖；（b）双向板肋梁楼盖；（c）无梁楼盖

5.1.2　钢筋混凝土板的受力类型及构造

1. 板的受力类型

单向板肋梁楼盖由板、次梁、主梁组成，可近似认为板上全部荷载沿短跨 l_1 方向传递到支承梁或墙，而忽略长跨 l_2 方向弯矩。荷载传递途径为板→次梁→主梁→墙或柱。单向板肋梁楼盖构造简单，施工方便，是整体式肋梁楼盖中最常用的一种形式。整体式单向板肋梁楼盖的计算简图如图 5-1-6 所示。

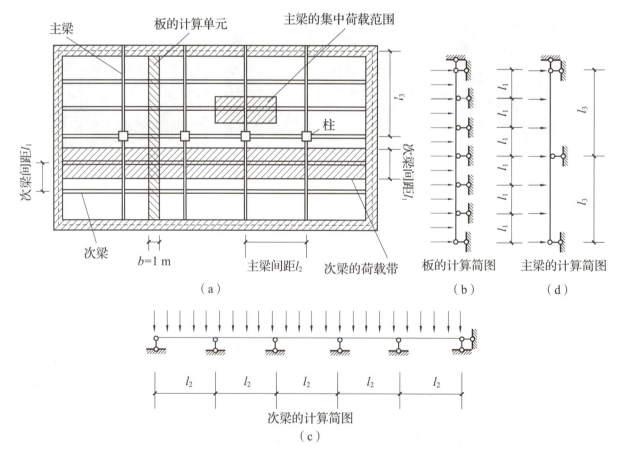

图 5-1-6　整体式单向板肋梁楼盖的计算简图

双向板肋梁楼盖中板的两个方向同时受力，板上荷载同时沿两个方向传递到支承梁或墙上，其中，沿短跨 l_1 方向传递的荷载大于沿长跨 l_2 方向传递的荷载。双向板比单向板受力好，刚度也较大，并能适应较大跨度，但构造和设计计算较复杂。当两个方向跨度相等，即 $l_1 = l_2$ 时，板传递给两个方向支承梁的荷载相等，因此两个方向支承梁等高等距，又称为井式楼盖，如图5-1-6（b）所示。

2. 板的厚度

板的厚度应满足强度和刚度要求，同时要考虑经济和施工方便。现浇钢筋混凝土板的厚度不应小于表5-1-1规定的数值。现浇板的厚度一般以10 mm为模数。

表 5-1-1　现浇钢筋混凝土板的最小厚度

板的类别		最小厚度 /mm
单向板	屋面板、民用建筑楼板	60
	工业建筑楼板	70
	行车道下的楼板	80
双向板		80
密肋楼盖	面板	50
	肋高	250
悬臂板（根部）	悬臂长度不大于 500 mm	60
	悬臂长度为 1 200 mm	100
无梁楼板		150
现浇空心楼板		200

3. 板的配筋

板中通常配有受力筋、分布筋和板面构造筋，如图5-1-7和图5-1-8所示。

（1）受力筋沿板的跨度方向配置，位于受拉区，承受由弯矩产生的拉力。受力筋的数量由设计计算确定，并满足构造要求。简支板受力筋布置在板的下部，悬挑板受力筋位于板的上部，多跨连续板受力筋则应在板下部和支座处的上部同时配置。常用钢筋直径为6~14 mm，同一楼面板不宜多于3种直径，以免施工时混淆。为使板受力均匀和混凝土浇筑密实，钢筋间距不应小于70 mm；当板厚不大于150 mm时，间距不宜大于200 mm；当板厚大于150 mm时，间距不宜大于板厚的1.5倍，且不宜大于250 mm。

（2）分布筋是垂直于受力筋方向均匀布置的构造筋，位于受力筋的内侧及受力筋的所有弯折处。《混凝土结构设计标准（2024 年版）》（GB/T 50010—2010）规定，当按单向板设计时，应在垂直于受力的方向布置分布筋，单位宽度上的配筋不宜小于单位宽度上受力筋的15%，且配筋率不宜小于0.15%；分布筋直径不宜小于6 mm，间距不宜大于250 mm；当集中荷载较大时，分布筋的配筋面积尚应增加，且间距不宜大于200 mm。

（3）板面构造筋是指按简支边和非受力边设计的现浇板，当与混凝土梁、墙整体浇筑或嵌固在砌体墙内时设置。板面构造筋数量应符合下列要求：钢筋直径不宜小于 8 mm，间距不宜大于 200 mm，且单位宽度内的配筋面积不宜小于跨中相应方向板底钢筋面积的 1/3；钢筋从混凝土梁边、柱边、墙边伸入板内的长度不宜小于 $l/4$，砌体墙支座处钢筋伸入板边的长度不宜小于 $l/7$；在楼板角部，宜沿两个方向正交、斜向平行或放射状布置附加钢筋；钢筋应在梁内、墙内或柱内可靠锚固，如图 5-1-8 所示。

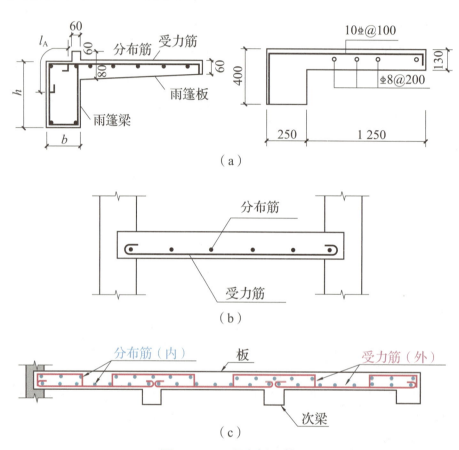

（a）

（b）

（c）

图 5-1-7　现浇板配筋

（a）悬挑板配筋；（b）简支板配筋；（c）多跨连续单向板配筋

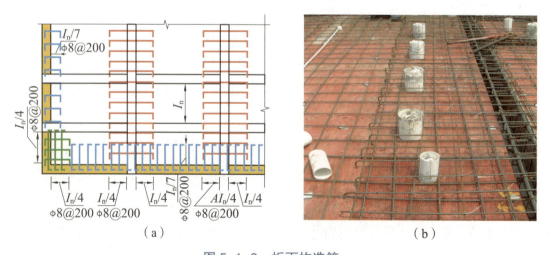

（a）　　　　　　　　　　　（b）

图 5-1-8　板面构造筋

（a）板面构造筋示意；（b）板面构造筋及支座负筋

（4）双向板在荷载作用下，将在纵横两个方向产生弯矩，应沿双向板的两个垂直方向配置受力钢筋。当双向板四边嵌固于支承梁时，在全跨（或支座附近）设置下部贯通钢筋网和上部贯通（或非贯通）钢筋网，形成双层钢筋网，常以马凳筋支撑上部钢筋网，如图5-1-9所示。双向板中沿短跨方向受力筋位于外侧，而沿长跨方向受力筋位于内侧。

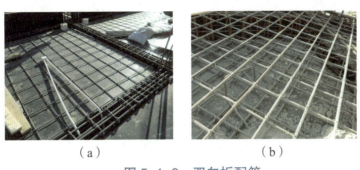

（a）   （b）

图 5-1-9 双向板配筋

（a）双向板下部受力筋；（b）双向板的双层钢筋网及马凳筋

5.1.3 有梁楼盖板平法施工图制图规则

有梁楼盖板平法施工图制图规则适用于以梁为支座的楼面与屋面板平法施工图设计。有梁楼盖板平法施工图是在楼面板和屋面板布置图上采用平面注写的方式。板的平面标注主要包括板块集中标注和板支座原位标注。

1. 结构平面坐标方向规定

（1）当两向轴网正交时，图面从左至右为 X 向，从下至上为 Y 向；

（2）当轴网转折时，局部坐标方向顺轴网转折角度作相应转折；

（3）当轴网向心布置时，切向为 X 向，径向为 Y 向。

有梁楼盖平法施工图制图规则

2. 板块集中标注

（1）标注内容。

标注内容包括板块编号、板厚、贯通纵筋以及当板面标高不同时的板面标高高差。相同编号的板块可择其一作集中标注，其他仅注写置于圆圈内的板编号以及当板面标高不同时的标高高差。板块集中标注位置一般在配置相同跨的第一跨上。

（2）标注解读。

①板块编号：由板类型代号加序号组成，如表5-1-2所示。

表 5-1-2 板块编号

板类型	代号	序号
楼面板	LB	××
屋面板	WB	××
悬挑板	XB	××

②板厚：注写为 $h=×××$，表示垂直于板面的厚度，单位为 mm。

③贯通纵筋：按板块的下部和上部分别注写（当板块上部不设贯通纵筋时则不注）。并以 B 代表下部，以 T 代表上部，B&T 代表下部与上部。X 向贯通纵筋以 X 打头，Y 向贯通纵筋以 Y 打头，两向贯通纵筋配置相同时则以 X&Y 打头。当贯通筋采用两种规格钢筋"隔一布一"方式时，表达为 φxx/yy@×××，表示直径为 xx 的钢筋和直径为 yy 的钢筋二者之间的间距为 ×××，直径为 xx 的钢筋间距为 ××× 的 2 倍，直径为 yy 的钢筋间距为 ××× 的 2 倍。板中贯通钢筋标注解读如表 5-1-3 所示。

表 5-1-3　板中贯通纵筋标注解读

标注形式	标注内容	标注解读
形式 1	B:X⊕10@150 Y⊕8@150	（1）单层配筋，有下部贯通纵筋，无上部贯通纵筋； （2）双向配筋，X 向和 Y 向均有下部贯通纵筋
形式 2	B:X&Y⊕10@150	（1）单层配筋，有下部贯通纵筋，无上部贯通纵筋； （2）双向配筋，X 向和 Y 向均有下部贯通纵筋，且双向配筋相同
形式 3	B:X&Y⊕10@150 T:X&Y⊕8@150	（1）双层配筋，既有下部贯通纵筋，又有上部贯通纵筋； （2）双向配筋，下部和上部均有贯通纵筋，且双向配筋相同
形式 4	B:X&Y⊕10@150 T:X⊕10@180	（1）双层配筋，既有下部贯通纵筋，又有上部贯通纵筋； （2）板下部为双向配筋，且双向配筋相同； （3）板上部为单向配筋，即 X 向贯通纵筋。Y 向应设置分布钢筋，见图纸注释或说明

④板面标高高差：相对于结构层楼面标高的高差，应将其注写在括号内，且有高差则注，无高差则不注。

【示例 5-1-1】有梁楼盖板集中标注示例如图 5-1-10 所示。

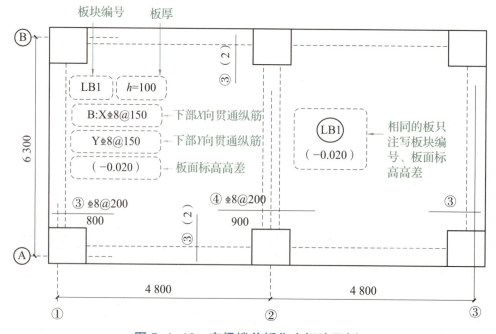

图 5-1-10　有梁楼盖板集中标注示例

3. 板支座原位标注

板支座原位标注的内容为板支座上部非贯通纵筋和悬挑板上部受力钢筋。

（1）板支座原位标注的钢筋，应在配置相同跨的第一跨表达（当在梁悬挑部位单独配置时则在原位表达）。在配置相同跨的第一跨（或梁悬挑部位），垂直于板支座（深或墙）绘制一段适宜长度的中粗实线，当该筋通常设置在悬挑板或短跨板上部时，实线段应画至对边或贯通短跨，以该线段代表支座上部非贯通纵筋，并在线段上方注写钢筋编号（如①、②等）、配筋值、横向连续布置的跨数（注写在括号内，为1跨时可不注），以及是否横向布置到梁的悬挑端。

【示例5-1-2】（××）为横向布置的跨数，（××A）为横向布置的跨数及一端的悬挑梁部位，（××B）为横向布置的跨数及两端的悬挑梁部位。板支座上部非贯通纵筋自支座中线向跨内的伸出长度，注写在线段的下方位置。

①当板支座上部非贯通纵筋对称伸出时，可仅在板支座一侧线段下方注写伸出长度，另一侧不注，如图5-1-11所示。

②当板支座上部非贯通纵筋非对称伸出时，应分别在板支座两侧线段下方注写伸出长度，如图5-1-12所示。

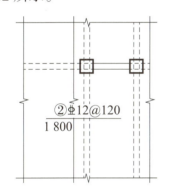

图5-1-11 板支座上部非贯通纵筋对称伸出

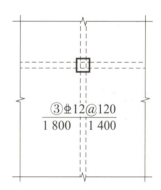

图5-1-12　板支座上部非贯通纵筋非对称伸出

③对线段画至对边贯通全跨或贯通全悬挑长度的上部通长纵筋：贯通全跨或伸出至全悬挑一侧的长度值不注，只注写非贯通纵筋另一侧的伸出长度值，如图5-1-13所示。

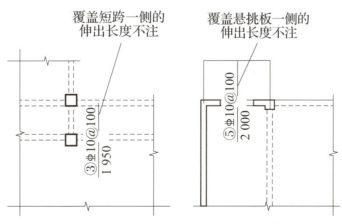

图5-1-13　板支座非贯通纵筋贯通全跨或伸出悬挑端

④当板支座为弧形，支座上部非贯通纵筋呈放射状分布时，设计者应注明配筋间距的度量位置并加上"放射分布"四字，必要时应补绘平面配筋图，如图 5-1-14 所示。

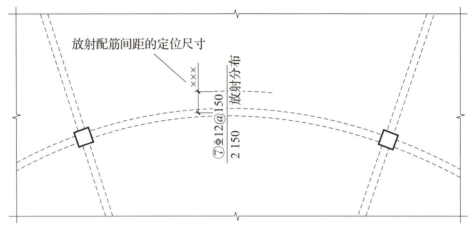

图 5-1-14　弧形支座处放射钢筋

⑤关于悬挑板的注写方式如图 5-1-15 所示。当悬挑板端部厚度不小于 150 mm 时，设计者应指定板端部封边构造方式；当采用 U 形钢筋封边时，还应指定 U 形钢筋的规格、直径。

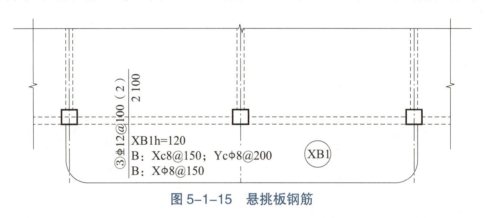

图 5-1-15　悬挑板钢筋

（2）在板平面布置图中，不同部位的板支座上部非贯通纵筋及悬挑板上部受力筋，可仅在一个部位注写，对其他相同者则仅需在代表钢筋的线段上注写编号及按本条规则注写横向连续布置的跨数即可。

【示例 5-1-3】在板平面布置图某部位，横跨支承梁绘制的对称线段上注有 Φ12@100（5A）和 1500，表示支座上部⑦号非贯通纵筋为 Φ12@100，从该跨起沿支承梁连续布置 5 跨加梁一端的悬挑端，该筋自支座中线向两侧跨内的伸出长度均为 1500，在同一板平面布置图的另一部位横跨梁支座绘制的对称线段上注有⑦（2）者，表示该筋同⑦号纵筋，沿支承梁连续布置 2 跨，且无梁悬挑端布置。

此外，与板支座上部非贯通纵筋垂直且绑扎在一起的构造钢筋或分布钢筋，应由设计者在图中注明。

（3）当板的上部已配置有贯通纵筋，但需增配板支座上部非贯通纵筋时，应结合已配置的同向贯通纵筋的直径与间距采取"隔一布一"方式配置。

"隔一布一"方式为非贯通纵筋的标注间距与贯通纵筋相同，两者组合后的实际间距为各自标注间距的 1/2。当设定贯通纵筋为总截面面积的 50% 时，两种钢筋应取相同直径；当设定贯通纵筋大于或小于总截面面积的 50% 时，两种钢筋则取不同直径。

 **5.2　板标准构造详图的识读**

板平法构造详图

板钢筋配置形式与构造

1. 板的配筋方式

板的配筋方式有分离式配筋和弯起式配筋两种。板的上部筋、下部筋分别单独配置，称为分离式配筋；板支座附近的上部筋由跨中的下部筋弯起提供，称为弯起式配筋。分离式配筋整体性稍差、用钢量较多，但构造简单、施工方便，已成为工程中主要采用的配筋方式；弯起式配筋整体性好、用钢量省，适于直接承受动力荷载的构件，但施工复杂，所以较少采用。板的配筋方式如图 5-2-1 所示。

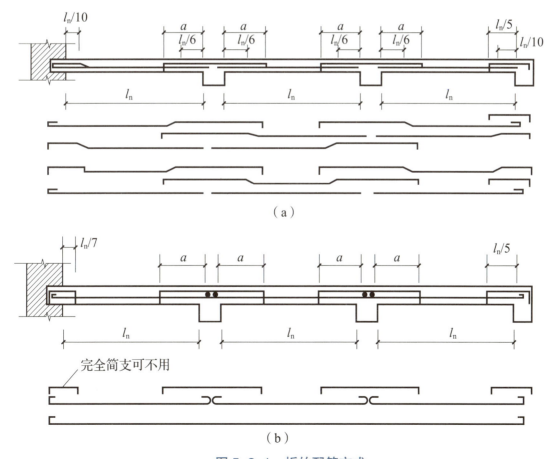

图 5-2-1　板的配筋方式
（a）弯起式配筋；（b）分离式配筋

2. 有梁楼盖板钢筋构造

有梁楼盖板钢筋构造可分为板下部贯通纵筋构造、板上部贯通纵筋构造、板支座上部非贯通纵筋（支座负筋）构造，如图 5-2-2 所示。

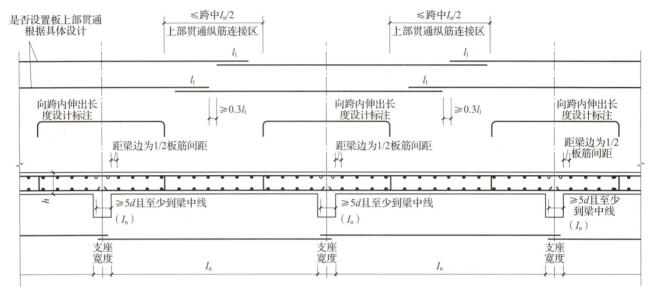

图 5-2-2　有梁楼盖板和屋面板钢筋构造

（1）板下部贯通纵筋在支座的锚固构造。

板下部贯通纵筋分垂直于支座梁和平行于支座梁两个方向。

①垂直于支座梁的下部贯通纵筋在支座内的锚固长度不小于 $5d$ 且至少到支座中线。

②平行于支座梁的贯通纵筋，第一根钢筋距梁边为 1/2 板筋间距。

③当板的中间支座为混凝土剪力墙、砌体墙或砌墙体的圈梁时，其构造与梁相同，如图 5-2-2 所示。

④当板的端部支座分别为梁、剪力墙、砌体墙的圈梁和砌体墙时，其锚固构造如图 5-2-3 所示。

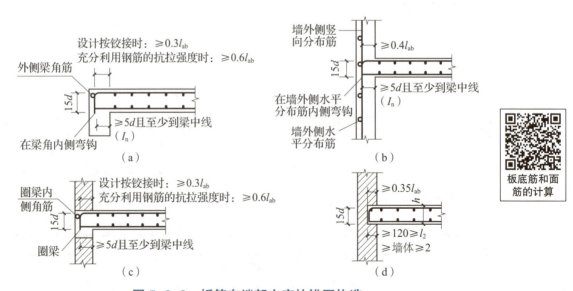

图 5-2-3　板筋在端部支座的锚固构造

（a）端部支座为梁；（b）端部支座为剪力墙；（c）端部支座为砌体墙的圈梁；（d）端部支座为砌体墙

（2）板上部贯通纵筋在支座的锚固构造。

纵筋在端支座应伸至支座（梁、圈梁或剪力墙）外侧纵筋内侧后弯折，当直段长度不小于 l_a 时可不弯折，如图 5-2-3 所示。

（3）板中钢筋的连接构造。

①板贯通纵筋的连接可采用搭接连接、机械连接或焊接连接，且同一连接区段内钢筋接头百分率不宜大于 50%。

②当相邻等跨或不等跨的上部贯通纵筋配置不同时，应将配置较大者越过其标注的跨数终点或起点伸出至相邻跨的跨中连接区域连接。不等跨板上部贯通纵筋连接构造如图 5-2-4 所示。

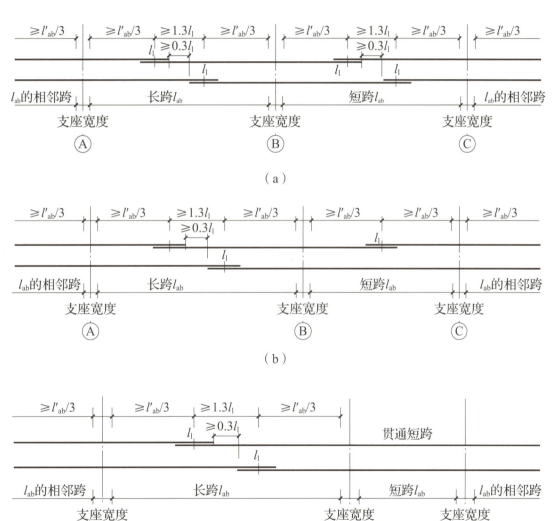

图 5-2-4　不等跨板上部贯通纵筋连接构造

（a）不等跨板上部贯通纵筋连接构造1（当钢筋足够长时能通则通）；
（b）不等跨板上部贯通纵筋连接构造2（当钢筋足够长时能通则通）；
（c）不等跨板上部贯通纵筋连接构造3（当钢筋足够长时能通则通）

板负筋的计算

（4）悬挑板 XB 钢筋构造。

悬挑板 XB 钢筋构造如图 5-2-5 所示。

①悬挑板上、下部均配钢筋时，受力筋放在板上部，构造筋或分布筋放在板下部。

②悬挑板下部构造筋锚入梁内的长度不小于 12d 且至少到梁中线。

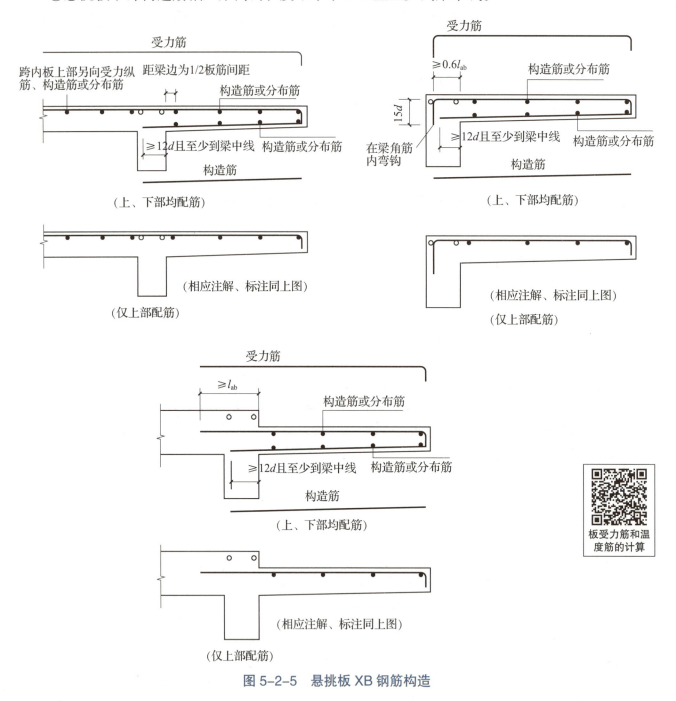

图 5-2-5　悬挑板 XB 钢筋构造

5.3　课堂活动（工学活动）

5.3.1　工作情景描述

为了提升学生对板平法施工图的识读能力，现有一项板结构施工图交底任务，老师要求学生认真阅读资料，理解图纸设计意图，对图纸所表达信息进行仔细分析，系统消化，并完成交底任务，具体资料和要求如下。

> ××市××康复院，总建筑面积为 1767.5 m²，建筑占地面积为 536.0 m²，现浇钢筋混凝土框架结构，建筑层数地上 4 层，一、二、三层均为 3.600 m，小屋面为 3.300 m，建筑总高度为 14.100 m；为保证钢筋施工班组对标高为 3.600～10.800 的板筋下料及绑扎过程中不出现错误，并按时完成任务，项目部要求施工员小李明天在项目部会议室对钢筋班组成员进行 3.600～10.800 标高的板平法施工图交底。
>
> 假如你是施工员小李，你应该如何做？

5.3.2　活动要求

学生按照工学流程完成工作页中的工学活动，运用钢筋混凝土板结构施工图识读的基本知识，完成工作情景中的交底任务。

小课堂

敢为人先，勇往直前——中国现代桥梁之父茅以升的故事

1896 年，茅以升出生在一个贫寒的知识分子家庭。茅以升从小好学上进，善于独立思考，1912 年年初，茅以升以优异的成绩入读唐山工业专门学校预科。1916 年，他考取了留美官费研究生，远赴大洋彼岸求学。在美国康奈尔大学，他仅用一年时间就取得了硕士学位。之后，他又进入美国卡内基理工学院（卡内基·梅隆大学前身）攻读博士。毕业时，他的博士论文《框架结构的次应力》顺利通过，并被认为达到了当时的世界领先水平，该文的科学创见还被称为"茅氏定律"。博士毕业后，茅以升毅然拒

绝了美国公司的重金聘请，怀着"科学救国"的志向，返回祖国。

　　回国后，茅以升发现祖国江河湖海上的现代桥梁都是外国人建造的，作为一个中国人，茅以升暗下决心一定要建造一座中国人自己设计并建造的现代化大桥。1933年茅以升收到一封邀请信，邀请他去主持设计建造钱塘江大桥。自古以来，在钱塘江上建桥就被当成是一件不可能的事，但茅以升不怕困难，毫不犹豫地辞去了当时的工作，投入到钱塘江大桥的建造当中。当时的茅以升不仅要面对钱塘江江面的险峻，还要面对日军时不时的导弹空袭，经过900多个日夜，茅以升和职工们没有节假日，夜以继日地奋斗在工地，终于在激流湍急的钱塘江上建起了一座属于中国人自己的大桥。

　　然而，随着抗战形势的日益恶化，为了阻止日军南下，茅以升接到了"炸毁钱塘江大桥"的命令。1937年12月23日，茅以升亲自下令炸毁了大桥。随着"轰"的一声巨响，这座全长1 453 m、仅仅存在了89天的大桥从六处截断。茅以升悲痛万分，彻夜未眠，当晚在书桌上写下了"抗战必胜，此桥必复"八个大字。怀着必胜的信念，茅以升带着有关钱塘江大桥建设的所有图表、文卷、相片等14箱重要资料一起撤退。抗日战争胜利后，茅以升受命主持修复被炸掉的钱塘江大桥。1948年5月，经过艰苦的奋斗，终于成功修复，钱塘江大桥浴火重生，又重新横跨在波涛汹涌的钱塘江之上。

　　钱塘江大桥建成于抗日烽火之中，再生于和平建设之世。他不仅在中华民族抗击外来侵略者的斗争中书写了可歌可泣的一页，而且在国家经济建设中发挥了重要作用。他使沪杭与浙赣两条铁路相连接，使钱塘江两岸由天堑变通途，同时也向全世界展示了中国科技工作者的聪明才智，展示了中华民族有自立于世界民族之林的能力。我国以茅以升为首的桥梁工程界的先驱，在钱塘江大桥建设中所显示出的伟大的爱国主义精神，敢为人先的科技创新精神，排除一切艰难险阻、勇往直前的奋斗精神，永远是鼓舞我们为祖国的繁荣富强不懈奋斗的宝贵精神财富。

学习任务六
剪力墙结构施工图交底

职业能力目标

1. 领取工作页中的任务，明确任务要求。

2. 能制作一份剪力墙施工图交底记录表。

3. 能制作一份剪力墙信息一览表。

4. 能获取剪力墙信息，并结合施工图，完善剪力墙信息一览表。

5. 能实施指定剪力墙的施工图交底，并形成记录。

6. 能正确整理交底资料，清晰地反馈交底成果。

7. 能结合任务完成情况，正确规范地撰写工作总结。

职业素养目标

1. 具备向施工人员清晰、准确传达楼梯施工图关键信息的沟通能力，避免施工错误。

2. 能积极倾听反馈，协调各部门，保障楼梯施工顺利进行展现沟通协作素养。

3. 深刻认识交底工作重要性，核查图纸安全规范，增强施工人员的安全意识。

4. 以严谨的态度对待图纸，跟进施工问题，展现精确严谨、认真负责的职业素养。

建议学时

14 学时

6.1 剪力墙平法施工图导读

6.1.1 剪力墙基本知识

剪力墙又称抗风墙、抗震墙或结构墙，一般用钢筋混凝土做成，如图 6-1-1 所示。为房屋或构筑物中主要承受风荷载或地震作用引起的水平荷载和竖向荷载（重力）的墙体，防止结构剪切（受剪）破坏。

图 6-1-1 剪力墙

剪力墙结构是用钢筋混凝土墙板来代替框架结构中的梁柱，能承担各类荷载引起的内力，并能有效控制结构的水平力。这种用钢筋混凝土墙板来承受竖向力和水平力的结构称为剪力墙结构，在高层房屋中被大量应用。

剪力墙结构是指纵横向的主要承重结构全部为结构墙的结构。当墙体处于建筑物中合适的位置时，它们能形成一种有效抵抗水平作用的结构体系，同时又能起到对空间的分割作用。结构墙的高度一般与整个房屋的高度相等，自基础直至屋顶，高达几十米甚至上百米；其宽度则视建筑平面的布置而定，一般为几米至十几米；相对而言，它的厚度则很薄，一般仅为 200~300 mm，最小可为 160 mm。由于剪力墙在其墙身平面内的抗侧移刚度很大，而其墙身平面外刚度却很小，一般可以忽略不计，故建筑物上大部分的水平作用或水平剪力通常被分配到剪力墙上，这也是剪力墙名称的由来。

6.1.2 剪力墙平法施工图的表示方法

（1）剪力墙平法施工图是在剪力墙平面布置图上采用列表注写方式或截面注写方式表达。一般施工图主要采用列表注写方式。

（2）剪力墙平面布置图可采用适当比例单独绘制，也可与墙柱或墙梁平面布置图合并绘制。当剪力墙较复杂或采用截面注写方式时，应按标准层分别绘制剪力墙平面布置图。

（3）在剪力墙平法施工图中，应按照规定注明各结构层的楼面标高、结构层高及相应的结构层号。

（4）对于轴线未居中的剪力墙（包括端柱），应标注其偏心定位尺寸。

6.1.3　列表注写方式

为表达清楚、简便，剪力墙可视为由墙柱、墙身和墙梁三类构件构成，如图 6-1-2 所示。

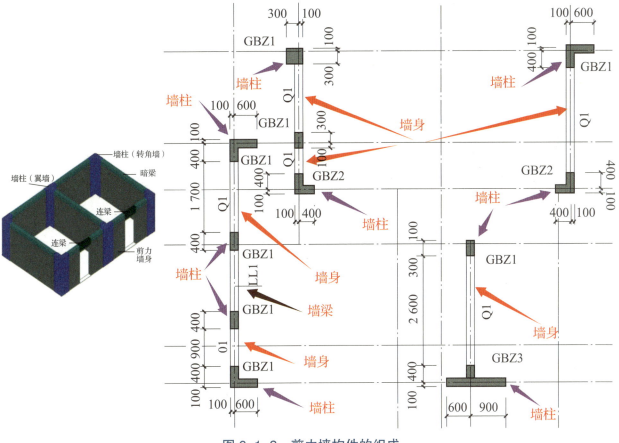

图 6-1-2　剪力墙构件的组成

列表注写方式是指分别在墙柱表、墙身表和墙梁表中，对应于剪力墙平面布置图上的编号，用绘制截面配筋图并注写几何尺寸与配筋具体数值的方式，来表达剪力墙平法施工图。识图时也应用剪力墙平面布置图与墙柱表、墙身表、墙梁表对照数据逐个识读，如图 6-1-3 所示。

剪力墙列表
注写方式

墙身表

编号	标高	墙高	水平分布筋	竖向分布筋	拉筋（矩形）
Q1	−0.030~30.270	300	Φ12@200	Φ12@200	Φ6@600@600
	30.270~59.070	250	Φ10@200	Φ10@200	Φ6@600@600

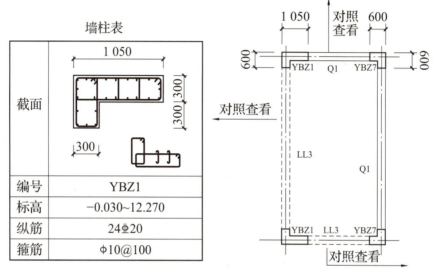

墙柱表

截面	（截面配筋图：1 050、300、300、300）
编号	YBZ1
标高	−0.030~12.270
纵筋	24Φ20
箍筋	Φ10@100

墙梁表

编号	所在楼层号	梁顶相对标高高差	梁截面 b×h	上部纵筋	下部纵筋	箍筋
LL3	3		300×2 070	4Φ22	4Φ22	Φ10@100（2）
	4		300×1 770	4Φ22	4Φ22	Φ10@100（2）
	4~9		300×1 670	4Φ22	4Φ22	Φ10@100（2）

−0.030~12.270 剪力墙平法施工图（局部）

图 6-1-3　列表注写方式示例

1. 墙柱

墙柱一般位于墙体的端部和转角处，可从两个角度划分：一是按柱面有没有突出墙面划分为暗柱和端柱，暗柱的宽度等于墙的厚度，是隐藏在剪力墙里面看不见的；端柱的宽度比墙的厚度大，突出墙面。二是从受力和抗震等级划分为约束边缘构件和构造边缘构件，对于抗震等级一、二级的剪力墙底部加强部位及一层的剪力墙肢，应设置约束边缘构件；其他的部位和三、四级抗震的剪力墙应设置构造边缘构件。约束边缘构件对体积配箍率等要求更严，用在比较重要的受力较大的结构部位；构造边缘构件要求宽松一些。墙柱表内容如下。

（1）墙柱编号以及截面配筋图。

墙柱编号＝墙柱类型代号＋序号，如表 6-1-1 所示。

表 6-1-1 墙柱编号

墙柱类型	代号	序号
约束边缘构件	YBZ	××
构造边缘构件	GBZ	××
非边缘暗柱	AZ	××
扶壁柱	FBZ	××

注：构造边缘构件包括构造边缘暗柱、构造边缘端柱、构造边缘翼墙、构造边缘转角墙四种，如图 6-1-4 所示。约束边缘构件包括约束边缘暗柱、约束边缘端柱、约束边缘翼墙、约束边缘转角墙四种，如图 6-1-5 所示。

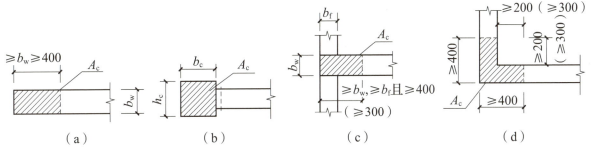

图 6-1-4 构造边缘构件（高层建筑尚需满足括号内数值）

（a）构造边缘暗柱；（b）构造边缘端柱；（c）构造边缘翼墙；（d）构造边缘转角墙

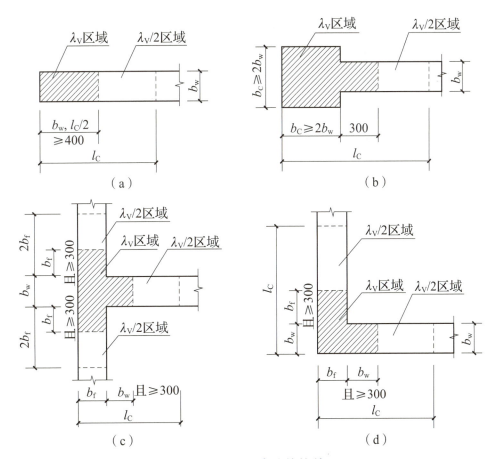

图 6-1-5 约束边缘构件

（a）约束边缘暗柱；（b）约束边缘端柱；（c）约束边缘翼墙；（d）约束边缘转角墙

（2）注写各段墙柱的起止标高。

自墙柱根部向上以变截面位置或截面未变但配筋改变处为界分段注写。墙柱根部标高指基础顶面标高（框支剪力墙结构则为框支梁顶面标高）。

（3）注写各段墙柱的纵筋和箍筋。

纵筋注写总配筋值，箍筋注写方式与柱箍筋相同。注写值应与表中绘制的截面配筋图对应一致。约束边缘构件除注写阴影部位的箍筋外，还需在剪力墙平面布置图中注写非阴影区内布置的拉筋（或箍筋）。

【示例 6-1-1】墙柱表示意图如图 6-1-6 所示。

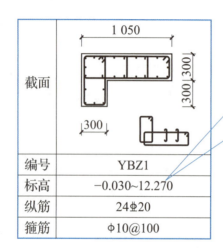

截面		1号约束边缘构件；结构标高为-0.030~12.270 m；全部纵筋为24根直径为20 mm的HRB400级钢筋；箍筋为直径10 mm的HPB300级钢筋，间距为100 mm
编号	YBZ1	
标高	−0.030~12.270	
纵筋	24Φ20	
箍筋	Φ10@100	

图 6-1-6　墙柱表示意图

2. 墙身

墙身就是一道混凝土墙，常见厚度在 200 mm 以上，一般配置两排钢筋网。更厚的墙也可以配置三排以上的钢筋网。一般情况下墙身位于墙体的中部位置，两端为墙柱，如图 6-1-7 所示。墙身钢筋网由水平分布筋（外侧）、竖向分布筋（内侧）、拉筋组成，如图 6-1-8 所示。水平分布筋必须伸到墙肢的末端，即伸入边缘构件（暗柱或端柱）的内侧，而不能只伸入暗柱一个锚固长度。墙身表内容如下。

（1）墙身编号：墙身编号由墙身代号、序号以及墙身所配置的水平与竖向分布筋的排数组成，其中排数注写在括号内。表达形式为墙身编号 =Q××（××排）。

（2）各段墙身起止标高：自墙身根部向上以变截面位置或截面未变但配筋改变处为界分段注写。墙身根部标高指基础顶面标高（框支剪力墙结构则为框支梁顶面标高）。

（3）水平分布筋、竖向分布筋和拉筋的具体数值：注写数值为一排水平分布筋和竖向分布筋的规格与间距，具体设置几排在墙身编号后面表达。

（4）拉筋应注明"矩形"或"梅花"布置方式，用于剪力墙分布筋的拉结，见图 6-1-9（图中 a 为水平分布筋间距，b 为竖向分布筋间距）。

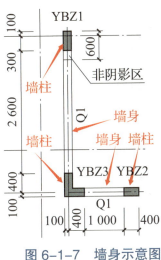

图 6-1-7　墙身示意图

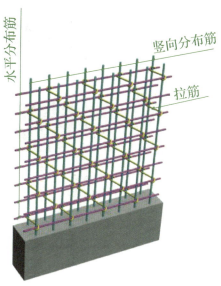

图 6-1-8　墙身钢筋网示意图

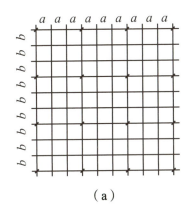

（a）

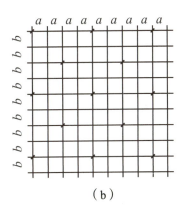

（b）

图 6-1-9　拉筋设置示意图

（a）拉筋@3a@3b矩形（$a \leqslant 200$，$b \leqslant 200$）；（b）拉筋@4a@4b梅花（$a \leqslant 150$，$b \leqslant 150$）

【示例 6-1-2】墙身表示意图如图 6-1-10 所示。

编号	标高	墙厚	水平分布筋	竖向分布筋	拉筋（矩形）
Q1	−0.030~30.270	300	⚊12@200	⚊12@200	Φ6@600@600
	30.270~59.070	250	⚊10@200	⚊10@200	Φ6@600@600
Q2	−0.030~30.270	250	⚊10@200	⚊10@200	Φ6@600@600
	30.270~59.070	200	⚊10@200	⚊10@200	Φ6@600@600

1号墙墙厚300 mm；结构标高为−0.030~30.270 m；水平分布筋为直径12 mm的HRB400钢筋，间距为200 mm；竖向分布筋为直径12 mm的HRB400钢筋，间距为200 mm；拉筋为直径6 mm的HPB300级钢筋，间距为双向各600 mm

图 6-1-10　墙身表示意图

3. 墙梁

墙梁有连梁、暗梁和边框梁。连梁是在剪力墙结构和框架—剪力墙结构中，连接墙肢与墙肢，且跨高比小于 5 的梁；暗梁一般设置在楼板的一些部位，梁宽同墙厚，隐藏在剪力墙内；边框梁的梁宽大于墙厚，突出屋面，如图 6-1-11 所示。

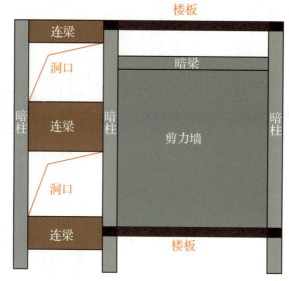

图 6-1-11　墙梁示意图

墙梁编号及墙梁表中表达的内容如下。

（1）墙梁编号：墙梁编号 = 墙梁类型代号 + 序号，表达形式如表 6-1-2 所示。

表 6-1-2　墙梁编号

墙梁类型	代号	序号
连梁	LL	××
连梁（对角暗撑配筋）	LL（JC）	××
连梁（交叉斜筋配筋）	LL（JX）	××
连梁（集中对角斜筋配筋）	LL（DX）	××
连梁（跨高比不小于 5）	LLk	××
暗梁	AL	××
边框梁	BKL	××

（2）注写墙梁所在楼层号。

（3）注写墙梁顶面标高高差，指相对于墙梁所在结构层楼面标高的高差值。高于结构层楼面为正值，低于结构层楼面为负值，当无高差时不注。

（4）注写墙梁截面尺寸 $b \times h$，上部纵筋、下部纵筋和箍筋的具体数值。

（5）当连梁设有对角暗撑时［代号为 LL（JC）××］，注写暗撑的截面尺寸（箍筋外皮尺寸）；注写一根暗撑的全部纵筋，并标注"×2"表示有两根暗撑相互交叉；注写暗撑箍筋的具体数值。

（6）当连梁设有交叉斜筋时［代号为 LL（JX）××］，注写连梁一侧对角斜筋的配筋值，并标注"×2"表示对称设置；注写对角斜筋在连梁端部设置的拉筋根数、强度级别及直径，并标注"×4"表示四个角都设置；注写连梁一侧折线筋配筋值，并标注"×2"表明对称设置。

（7）当连梁设有集中对角斜筋时［代号为 LL（DX）××］，注写一条对角线上的对角斜筋，并标注"×2"表示对称设置。

（8）跨高比不小于 5 的连梁，按框架梁设计时（代号为 LLk××），采用平面注写方式，注写规则同框架梁，可采用适当比例单独绘制，也可与剪力墙平法施工图合并绘制。

（9）当设置双连梁、多连梁时，应分别表达在剪力墙平法施工图上。

墙梁侧面纵筋的配置：当墙身水平分布钢筋满足连梁、暗梁及边框梁的梁侧面构造纵筋的要求时，该筋配置同墙身水平分布筋，表中不注，施工按标准构造详图的要求即可。当墙身水平分布筋不满足连梁、暗梁及边框梁的梁侧面构造纵筋的要求时，应在表中补充注明梁侧面纵筋的具体数值，纵筋沿梁高方向均匀布置；当采用平面注写方式时，梁侧面纵筋以大写字母"N"打头。

【示例 6-1-3】墙梁表如表 6-1-3 所示。

表 6-1-3　墙梁表

编号	所在楼层号	梁顶相对标高高差	梁截面 $b \times h$	上部纵筋	下部纵筋	侧面纵筋	墙梁箍筋
LL1	2~9	0.800	300 × 2 000	4Φ25	4Φ25	同墙体水平分布筋	Φ10@100(2)
	10~16	0.800	250 × 2 000	4Φ22	4Φ22		Φ10@100(2)
	屋面 1	—	250 × 1 200	4Φ20	4Φ20		Φ10@100(2)

6.1.4　截面注写方式

截面注写方式是指在分标准层绘制的剪力墙平面布置图上，以直接在墙柱、墙身、墙梁上注写截面尺寸和配筋具体数值的方式来表达剪力墙平法施工图。

选用适当比例原位放大绘制剪力墙平面布置图，其中对墙柱绘制截面配筋图；对所有墙柱、墙身、墙梁分别进行编号，并分别在相同编号的墙柱、墙身、墙梁中选择一根墙柱、一道墙身、一根墙梁进行注写。

剪力墙截面注写方式

1. 墙柱注写内容

从相同编号的墙柱中选择一个截面，原位绘制墙柱截面配筋图，注写其几何尺寸，并在配筋图上继其编号后标注全部纵筋及箍筋的具体数值。

【**示例 6-1-4**】墙柱钢筋示意图如图 6-1-12 所示。

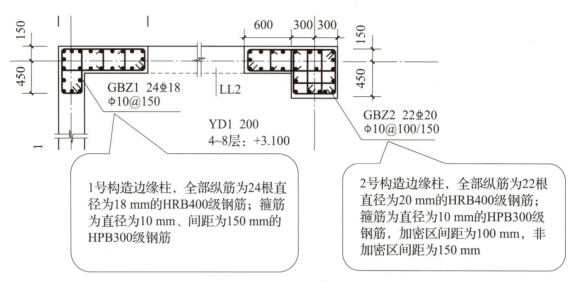

图 6-1-12　墙柱钢筋示意图

2. 墙身注写内容

从相同编号的墙身中选择一道墙身，注写的内容主要有墙身编号，括号内注写墙身钢筋网大于 2 排的排数，墙厚尺寸，水平分布筋，竖向分布筋和拉筋的具体数值。

【**示例 6-1-5**】墙身钢筋示意图如图 6-1-13 所示。

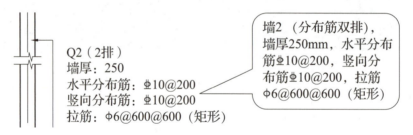

图 6-1-13　墙身钢筋示意图

3. 墙梁注写内容

从相同编号的墙梁中选择一根墙梁，注写的内容主要有墙梁编号、截面尺寸、箍筋、上部纵筋、下部纵筋和墙梁顶面标高高差的具体数值。

当连梁设有对角暗撑时，注写暗撑的截面尺寸，一根暗撑的全部纵筋，标注"×2"表示有两根暗撑相互交叉；注写暗撑箍筋的具体数值。

当连梁设有交叉斜筋时，注写连梁一侧对角斜筋的配筋值，标注"×2"表明对称设置；注写对角斜筋在连梁端部设置的拉筋根数、规格及直径，标注"×4"表明四个角都设置；注写连梁一侧折线筋配筋值，标注"×2"表示对称设置。

当连梁设有集中对角斜筋时，注写一条对角线上的对角斜筋，标注"×2"表明示称设置。

跨高比不小于 5 的连梁，按框架梁设计时，注写规则同框架梁，可采用适当比例单独绘制，也可与剪力墙施工图合并绘制。

【示例 6-1-6】墙梁钢筋示意图如图 6-1-14 所示。

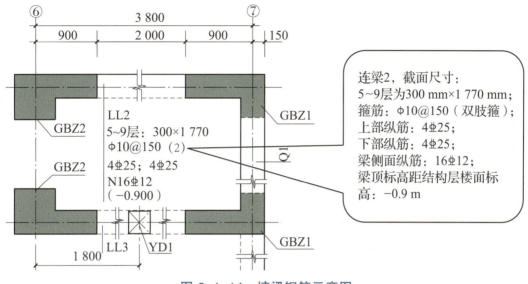

图 6-1-14　墙梁钢筋示意图

6.1.5　剪力墙洞口表示方法

剪力墙洞口
表示方法

无论采用列表注写方式还是采用截面注写方式，剪力墙上的洞口均可在剪力墙平面布置图上原位表达。

1. 洞口的具体表示方法

（1）在剪力墙平面布置图上绘制洞口表示示意，并标注洞口中心的平面定位尺寸。

（2）在洞口中心位置引注：①洞口编号；②洞口几何尺寸；③洞口中心相对标高；④洞口每边补强钢筋。

2. 具体规定

（1）洞口编号：矩形洞口为 JD××（×× 为序号），圆形洞口为 YD××（×× 为序号）。

（2）洞口几何尺寸：矩形洞口为洞宽 × 洞高（$b \times h$），圆形洞口为洞口直径 D。

（3）洞口中心相对标高：相对于结构层楼（地）面标高的洞口中心高度。当其高于结构层楼面时为正值，低于结构层楼面时为负值。

（4）洞口每边补强钢筋：注写为洞口每边补强钢筋的具体数值。

【示例 6-1-7】洞口表示示意图如图 6-1-15 所示。

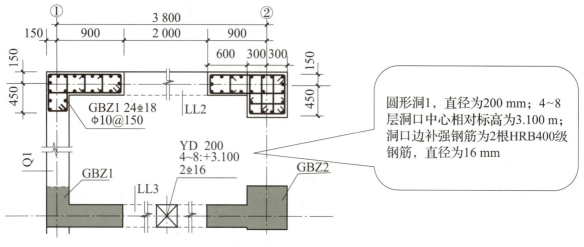

图 6-1-15　洞口表示示意图

6.2　剪力墙标准构造详图

墙柱钢筋构造和框架柱钢筋构造基本相同，本书主要介绍墙身和墙梁的钢筋构造要求。剪力墙钢筋种类如图 6-2-1 所示。

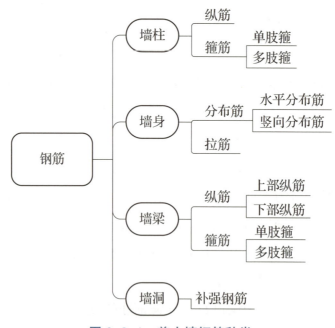

图 6-2-1　剪力墙钢筋种类

6.2.1　墙身的构造

1. 墙身钢筋种类

墙身钢筋种类包括水平分布筋、竖向分布筋及拉筋，如图 6-2-2 所示。

剪力墙墙身
中的钢筋

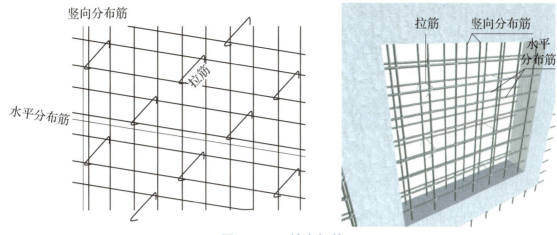

图 6-2-2　墙身钢筋

2. 墙身水平分布筋的构造

（1）剪力墙多排配筋的构造。

图 6-2-3 为剪力墙布置两排、三排、四排配筋时的钢筋构造。当墙厚 ≤ 400 时，设置两排钢筋网；当 400 < 墙厚 ≤ 700 时，设置三排钢筋网；当墙厚 > 700 时，设置四排钢筋网。剪力墙各排钢筋网设置水平分布筋和竖向分布筋。剪力墙身布置钢筋时，水平分布筋放在竖向分布筋的外侧。

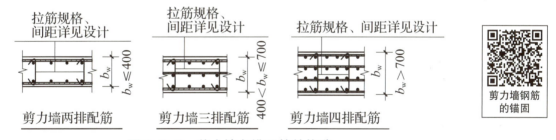

图 6-2-3　剪力墙多排配筋的构造

（2）水平分布筋端部锚固的构造。

剪力墙设有端柱时，水平分布筋端柱锚固的构造如图 6-2-4 所示，要点如下。

①水平分布筋在端柱转角墙中的构造按照端柱与墙的不同位置分为三种情况，不论何种情况，当墙身水平分布筋伸入端柱的直锚长度 ≥ l_{aE} 时，可不设弯钩，但必须伸至端柱对边竖向钢筋内侧位置。当位于端柱宽出墙身一侧的剪力墙水平分布筋伸入端柱锚固长度 ≥ $0.6l_{abE}$，弯折 15d（d 为水平分布筋直径）。位于端柱与墙身相平一侧的剪力墙水平分布筋伸至端柱对边竖向分布筋内侧弯折 15d。

②水平分布筋在端柱翼墙中的构造按照端柱与墙的不同位置分为三种情况，不论何种情况，墙身水平分布筋均要伸至端柱对边竖向分布筋内侧弯折 15d。当墙身水平分布筋伸入端柱的直锚长度 ≥ l_{aE} 时，可不设弯钩，但必须伸至端柱对边竖向分布筋内侧位置。

③水平分布筋在直墙端柱中的构造：墙身水平分布筋伸至端柱对边竖向分布筋内侧弯折 15d。位于端柱纵筋内侧的墙身水平分布筋伸入端柱的长度 ≥ l_{aE} 时，可直锚。其他情况，水平

分布筋应伸至端柱对边紧贴角筋弯折。

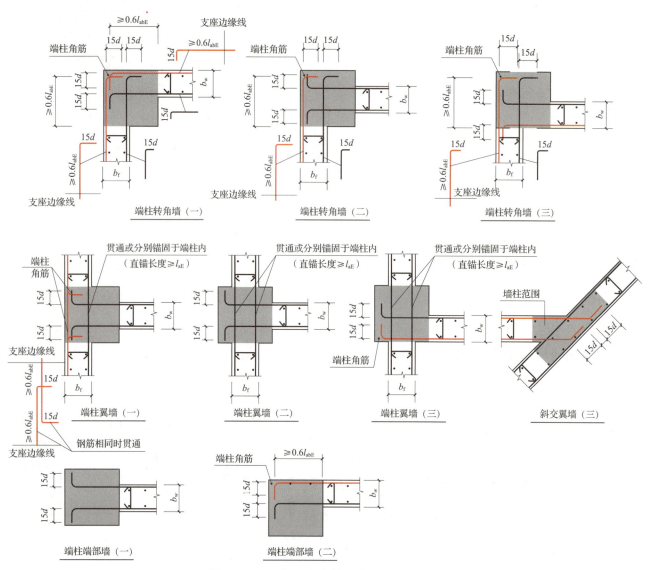

图 6-2-4 水平分布筋端柱锚固的构造

（3）水平分布筋翼墙锚固的构造。

水平分布筋翼墙锚固的构造如图 6-2-5 所示，要点为翼墙两翼墙身水平分布筋连续通过翼墙；翼墙肢部墙身水平分布筋伸至翼墙核心部位的外侧钢筋内侧，弯直钩 15d。

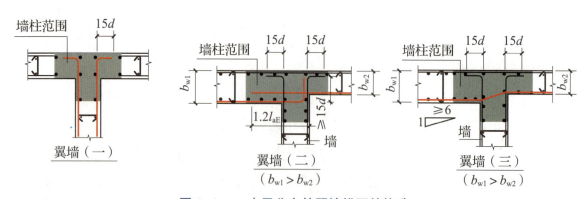

图 6-2-5 水平分布筋翼墙锚固的构造

（4）水平分布筋转角墙锚固的构造。

水平分布筋转角墙锚固的构造如图6-2-6所示，要点如下。

①上下相邻的墙身水平分布筋交错搭接连接，搭接长度≥1.2l_{aE}（≥1.2l_a），各自搭接范围交错≥500 mm。

②墙外侧水平分布筋连续通过转角墙，在转角墙核心部位以外与另片剪力墙的外侧水平分布筋连接。墙内侧水平分布筋伸至转角墙核心部位的外侧钢筋内侧，弯直钩15d。

③当采用墙外侧水平分布筋在转角处搭接构造时，外侧水平分布钢筋搭接长度l_{lE}（l_l）。墙内侧水平分布筋伸至转角墙核心部位的外侧钢筋内侧，弯直钩15d。

④剪力墙斜角部位应设暗柱，外侧水平分布筋连续通过阳角，内侧水平分布筋在阴角内伸至阳角核心部位的外侧钢筋内侧，弯直钩15d。

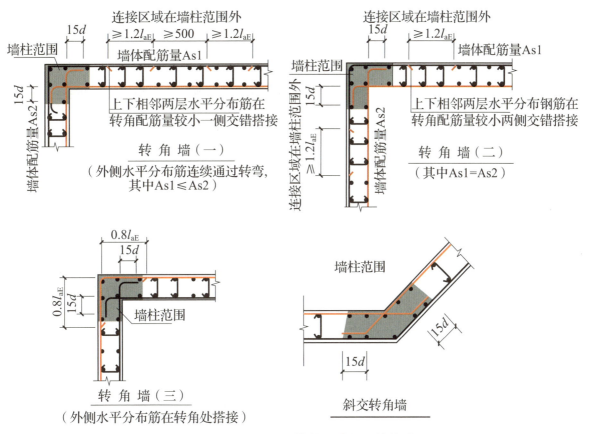

图6-2-6　水平分布筋转角墙锚固的构造

（5）水平分布筋边缘暗柱锚固的构造和无暗柱封边的构造。

水平分布筋边缘暗柱锚固的构造和无暗柱封边的构造如图6-2-7所示，要点如下。

①水平分布筋伸至边缘暗柱角筋内侧，向内弯直钩10d。

②当无边缘暗柱时，水平分布筋伸至边缘竖向分布筋内侧向内弯直钩10d。每道水平分布筋均设双列拉筋。

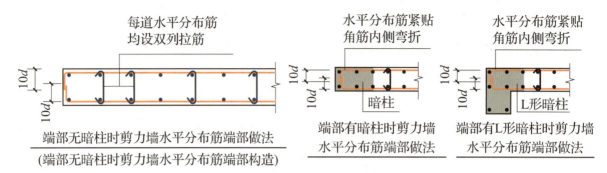

图 6-2-7　水平分布筋边缘暗柱锚固的构造和无暗柱封边的构造

（6）水平分布筋交错搭接构造。

水平分布筋交错搭接的构造如图 6-2-8 所示，要点为同侧相邻上、下的墙身水平分布筋交错搭接，搭接长度 ≥ $1.2l_{aE}$，交错搭接范围 ≥ 500 mm。同层不同侧的墙身水平分布筋交错搭接，搭接长度 ≥ $1.2l_{aE}$，交错搭接范围 ≥ 500 mm。

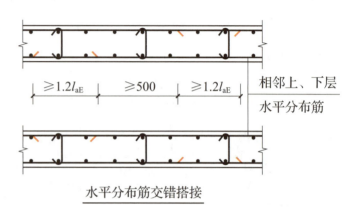

图 6-2-8　水平分布筋交错搭接的构造

3. 墙身竖向分布筋的构造

墙身竖向分布筋的连接分为搭接、机械连接及焊接，如图 6-2-9 所示。

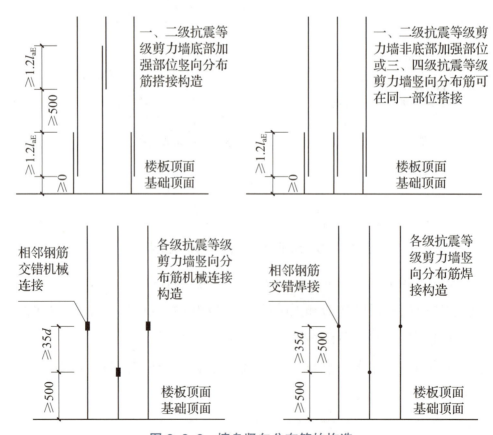

图 6-2-9　墙身竖向分布筋的构造

6.2.2 墙梁的构造

墙梁分为连梁、暗梁及边框梁，下面介绍连梁钢筋的构造。

（1）连梁钢筋包括上部纵筋、下部纵筋、箍筋及侧面纵筋，如图6-2-10所示。

（2）连梁的构造如图6-2-11所示。

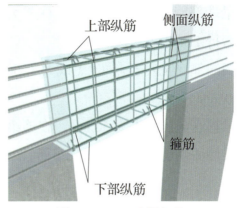

图 6-2-10　连梁钢筋

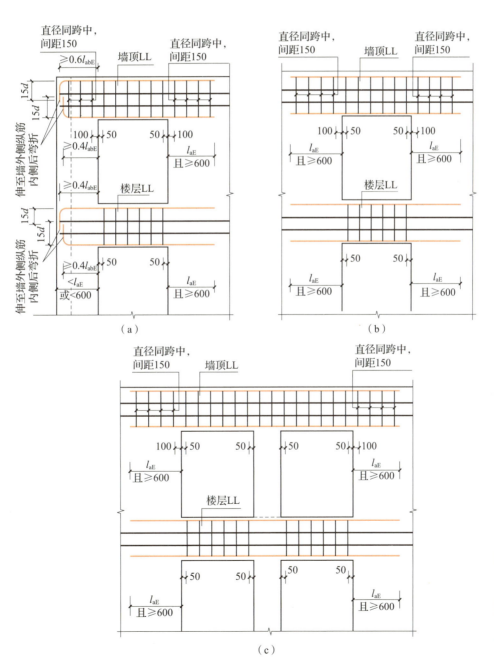

图 6-2-11　连梁的构造

（a）小墙垛处洞口连梁；（b）单洞口连梁；（c）双洞口连梁

剪力墙梁配筋构造

①连梁端部墙肢不大于 l_{aE}（l_a）或不大于 600 mm 时，上部纵筋及下部纵筋伸至墙外侧纵筋内侧后弯折 15d。

②连梁端部墙肢大于 l_{aE}（l_a）或大于 600 mm 时，上部纵筋及下部纵筋伸入墙内 l_{aE}（l_a）且不小于 600 mm。

③连梁箍筋起步距离为 50 mm，在连梁内按箍筋间距均匀布置。

④连梁侧面纵筋为墙身水平分布筋。

6.3 课堂活动（工学活动）

6.3.1 工作情景描述

为了提升学生对剪力墙平法施工图的识读能力，现有一项剪力墙结构施工图交底任务，老师要求学生认真阅读资料，理解图纸设计意图，对图纸所表达信息进行仔细分析，系统消化，并完成交底任务，具体资料和要求如下。

> ××市××中学教学楼，共5层，总建筑高度为 20.05 m，总建筑面积为 1 446.45 m^2。为保证钢筋班组成员在 12.270～30.270 标高的剪力墙墙身钢筋绑扎工作中不出现差错，并按时完成任务，项目部要求施工员小李明天在项目部会议室对钢筋班组成员进行 12.270～30.270 标高的剪力墙墙身平法施工图交底。
>
> 假如你是施工员小李，你应该如何做？

6.3.2 活动要求

学生按照工学流程完成工作页中的工学活动，运用剪力墙结构施工图识读的基本知识，完成工作情景中的交底任务。

深圳速度缔造者——"工匠"陆建新的故事

陆建新，教授级高级工程师。1982年毕业于南京建筑工程学院工程测量专业，同年从湖北荆门南下深圳。他在深圳参建的第一个项目是国贸大厦，从事测量技术员工作，和同事们创造了"三天一层楼"的深圳速度。从事工作以来，陆建新和同事们一起先后建起了44座重要建筑，其中20座属于国内知名的城市性地标：中国第一幢超高层大厦——深圳国贸大厦；中国第一幢摩天大楼、时年亚洲第一高楼——深圳地王大厦；时年北京第一高楼——北京银泰中心；时年世界第一高楼——上海环球金融中心；时年华南第一高楼——广州珠江新城西塔；时年华南第一高楼——深圳京基100；时年深圳第一高楼——深圳平安国际金融中心……

　　陆建新被誉为"中国摩天大楼第一人"。这位工匠大师扎根基层40载，带领团队攻克了超高层、大跨度建筑的世界级难题，将钢结构建筑施工技术推向了世界领先水平。他亲身参与了缔造"深圳速度"，见证了深圳经济特区的改革发展，可谓建筑界的传奇人物。他的工匠精神让人敬佩不已，他对待每一个工程都如同对待自己的孩子一般，精心雕琢、追求卓越。他的存在，不仅仅是中国建筑业的骄傲，更是我们这个时代的精神标杆。

　　当记者提问："参与了这么多地标性建筑的建设，是不是觉得特别自豪？"陆建新轻声笑着说："就是一份工作，习以为常，感觉很正常，谈不上很特别，就是我的本职工作。"在陆建新身上，有一种非常不起眼，但又绝不平凡的工匠精神，精细、准确、有效地解决问题不仅是出于一种现实的需求，也是关乎自身本能的要求。

　　陆建新进入中建钢构时的学历是中专，现在他的职称是教授级高工，是建筑行业的最高级别。陆建新曾说，有机会的话，想在退休前再参建两座超过100层的高楼。"工匠不到一线工作，怎么算是称职呢？"这就是陆建新，一名特区建设者，也是"鲁班精神"的传承者，浑身充盈着"工匠精神"的建筑人。

学习任务七
楼梯结构施工图交底

职业能力目标

1. 课前能独立划出"工作情景描述"中的关键信息，领取工作页工作任务，明确任务要求。

2. 能制作一份楼梯施工图交底记录表。

3. 能获取楼梯信息，并结合施工图，制作并完善楼梯信息一览表。

4. 能实施指定楼梯的施工图交底，并形成记录。

5. 课后能正确整理交底资料，清晰地反馈交底成果。

6. 课后能结合任务完成情况，正确规范地撰写工作总结。

职业核心能力目标

1. 能通过工学活动的训练掌握识读楼梯结构的方法和步骤，并对学习和工作进行反思总结。

2. 能与他人展开良好合作，进行有效沟通。

建议学时

14 学时

 **7.1** # 现浇钢筋混凝土板式楼梯平法施工图导读

楼梯的基本知识

7.1.1 楼梯的基础知识

1.楼梯的构造组成（图7-1-1）

（1）楼梯段：又称"梯跑"，是连接两个不同标高平台的倾斜构件，由若干个踏步组成。

（2）楼梯平台：连接两楼梯段之间的水平部分。其中，与楼层标高相等的是楼层平台，介于两个楼层之间的是中间平台（又称为"休息平台"）。

（3）扶手栏杆：布置在楼梯段和平台边缘处的安全围护构件，要求其坚固可靠，并有足够的安全高度。

图 7-1-1 楼梯的构造组成

2.钢筋混凝土楼梯的特点

钢筋混凝土楼梯因其具有坚固耐久、节约木材、防火性能好、可塑性强等优点，因而得到广泛应用。按施工方式的不同，钢筋混凝土楼梯可分为现浇整体式和预制装配式两类。

现浇钢筋混凝土楼梯是指将楼梯段、楼梯平台等整体浇筑在一起的楼梯。其结构整体性好、刚度大，能适应各种楼梯间平面和楼梯形式，充分发挥钢筋混凝土的可塑性；但在施工过程中，需要现场支模，模板耗费较大，施工周期较长，混凝土用量和自重较大，故比较适合作为异型的楼梯或整体要求较高的楼梯，或在预制装配条件不具备时采用。

3.楼梯的类型

现浇钢筋混凝土楼梯按梯段的结构形式不同，分为板式楼梯和梁式楼梯两种。

（1）板式楼梯：板式楼梯是指梯段板作为一块整浇板，斜向搁置在平台梁上，平台梁之间的距离即板的跨度，在楼梯段应沿跨度方向布置受力钢筋。梯段板承受梯段的全部荷载，通过平台梁，荷载传递给两侧墙体。其优点在于梯段底面平整，外形简洁，便于支模施工。同时，梯段跨度较大时，梯段板较厚，自重较大，钢材和混凝土用量较多，不经济。

（2）梁式楼梯：梁式楼梯是指由踏步、楼梯斜梁、平台梁和平台板组成的楼梯。当楼梯荷载和楼梯段的跨度较大时，增加楼梯斜梁以承受板的荷载。踏步板承担楼梯上全部的荷载，通过梯段斜梁，将荷载传递给两侧墙体。

根据梯梁的数量，可将梁式楼梯分为单梁布置与双梁布置两种情况。

当梯梁单梁布置时（图7-1-2），可将踏步板一端搁置在梯梁上，另一端搁置在墙上；也可以将梯梁布置在踏步板中部或一端，使踏步板悬挑，形成单梁悬挑。

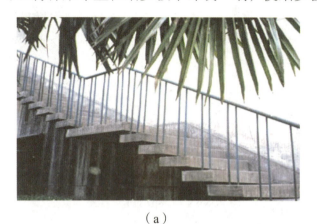

（a）　　　　　　　　　　　　　　　　　（b）

图7-1-2　单梁布置的梁式楼梯

（a）踏步板一端搁置在梯梁上，另一端搁置在墙上；（b）梯梁布置在踏步板中部或一端

当梯梁双梁布置时（图7-1-3），分别布置在踏步板的两端。梯梁在踏步板之下，使踏步外露称为"明步"；梯梁在踏步板之上，形成反梁，使踏步包在里面称为"暗步"。

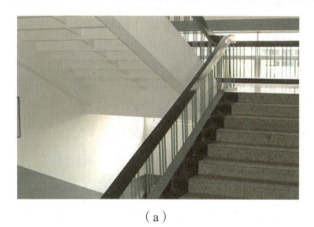
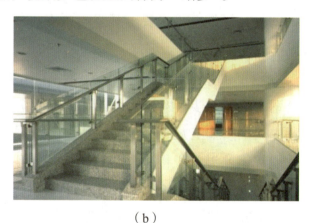

（a）　　　　　　　　　　　　　　　　　（b）

图7-1-3　双梁布置的梁式楼梯

（a）明步；（b）暗步

7.1.2　板式楼梯的类型

根据《混凝土结构施工图平面整体表示方法制图规则和构造详图（现浇混凝土板式楼梯）》（22G101-2）（以下简称22G101-2）中现浇钢筋混凝土板式楼梯图集的有关规定，现浇钢筋混凝土板式楼梯共有14种不同类型，各类型代号、适用范围以及是否参与结构整体抗震计算的情况如表7-1-1所示。

表 7-1-1　楼梯类型

梯板代号	适用范围		是否参与结构整体抗震计算	梯板代号	适用范围		是否参与结构整体抗震计算
	抗震构造措施（填"有"或"无"）	适用结构			抗震构造措施（填"有"或"无"）	适用结构	
AT	有	剪力墙、砌体结构	不参与	ATa	有	框架结构、框剪结构中框架部分	不参与
BT	有		不参与	ATb	有		不参与
CT	有		不参与	ATc	有		参与
DT	有		不参与	BTb	有		不参与
ET	有		不参与	CTa	有		不参与
FT	有		不参与	CTb	有		不参与
GT	有		不参与	DTb	有		不参与

1. AT~ET 型板式楼梯

AT~ET 代号都代表一段无滑动支座的梯板；梯板的主体为踏步段；除踏步段之外，梯板还可包括低端平板、高端平板及中位平板。AT~ET 型板式楼梯梯板构成方式及示意图如表 7-1-2 所示。

板式楼梯的类型

表 7-1-2　AT~ET 型板式楼梯梯板构成方式及示意图

梯板代号	梯板构成方式	示意图
AT	踏步段	
BT	低端平板、踏步段	
CT	踏步段、高端平板	
DT	低端平板、踏步段、高端平板	
ET	低端踏步段、中位平板、高端踏步段	

2. FT、GT 型板式楼梯

FT、GT 代号都代表两跑踏步段和连接它们的楼层平板及层间平板的板式楼梯。FT 与 GT 型板式楼梯梯板构成方式、支承方式及示意图如表 7-1-3 所示。

表 7-1-3　FT、GT 型板式楼梯梯板构成方式、支承方式及示意图

梯板代号	梯板构成方式	梯板支承方式	示意图
FT	层间平板、踏步段、楼层平板	层间平板三边支承 楼层平板三边支承	
GT	层间平板、踏步段	层间平板三边支承 踏步段端（楼层处）支承在梯梁上	

7.1.3　现浇混凝土板式楼梯平法施工图识读

现浇混凝土板式楼梯平法施工图有平面注写、剖面注写和列表注写三种表达方式。楼梯平面布置图应采用适当比例集中绘制，需要时绘制其剖面图。同时，为方便施工，在集中绘制的板式楼梯平法施工图中，宜按有关规则注明各结构层的楼面标高、结构层高及相应的结构层号。

1. 平面注写方式

平面注写方式是在楼梯平面布置图上用注写截面尺寸和配筋具体数值的方式来表达楼梯施工图，包括集中标注和外围标注，如图 7-1-4 所示。

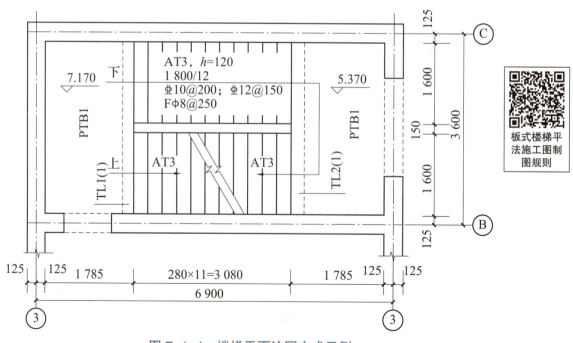

图 7-1-4　楼梯平面注写方式示例

（1）集中标注。

集中标注内容一般包括四行五项，以图7-1-4为例，具体如下。

第一行：AT3，h=120。AT3表示梯板类型代号与序号；h=120表示梯板厚度，当为带平板的梯板且踏步段板厚度和平板厚度不同时，可在梯板厚度后面括号内以字母P打头注写平板厚度；

第二行：1 800/12，表示踏步段总高度和踏步级数，之间用"/"分隔；

第三行：Φ10@200；Φ12@150，表示梯板上部纵筋、下部纵筋，之间用"；"分隔；

第四行：Fϕ8@250，表示梯板分布筋，以F打头注写分布钢筋具体值。

（2）外围标注。

外围标注内容包括楼梯间的平面尺寸、楼层结构标高、层间结构标高、楼梯的上下方向、梯板的平面几何尺寸、平台板配筋、梯梁及梯柱配筋等。

以图7-1-4为例，该示例外围标注信息如下。

①楼梯间开间为3 600 mm、进深为6 900 mm；

②楼层平台标高为5.370 m、层间平台标高为7.170 m；

③平台板编号为PTB1、梯梁编号为TL1、TL2；

2. 剖面注写方式

剖面注写方式需在楼梯平法施工图中绘制楼梯平面布置图和楼梯剖面图，注写方式包含平面图注写和剖面图注写两部分。

（1）平面图注写：楼梯平面布置图注写内容包括楼梯间的平面尺寸、楼层结构标高、层间结构标高、楼梯的上下方向、梯板类型及编号、平台板配筋、梯梁和梯柱配筋等（内容与平面注写方式的外围标注部分相同）。

（2）剖面图注写：楼梯剖面图注写内容包括梯板的集中标注（含类型代号及序号、梯板的厚度、上部纵筋、下部纵筋及分布筋信息）、梯梁梯柱编号、梯板水平和竖向尺寸、楼层结构标高及层间结构标高等。

3. 列表注写方式

列表注写方式是用列表方式注写梯板截面尺寸和配筋具体数值来表达楼梯施工图。具体要求同剖面注写方式，仅将剖面注写方式中的内容改为列表形式即可，如表7-1-4中的示例。

表7-1-4　楼梯列表注写方式示例

楼梯类型型号	踏步高度/踏步级数	板厚h	上部纵筋	下部纵筋	分布筋
AT1	1 480/9	100	Φ10@200	Φ12@200	ϕ8@250
CT1	1 480/9	140	Φ10@150	Φ12@200	ϕ8@250
CT2	1 320/8	100	Φ10@200	Φ12@200	ϕ8@250
DT1	830/5	100	Φ10@200	Φ12@200	ϕ8@250
DT2	1 320/8	140	Φ10@150	Φ12@120	ϕ8@250

7.2 AT、BT、CT、DT 型现浇混凝土板式楼梯标准构造详图

图 7-2-1~ 图 7-2-8 所示为 AT、BT、CT 和 DT 型楼梯板配筋构造详图以及配筋三维示意图。

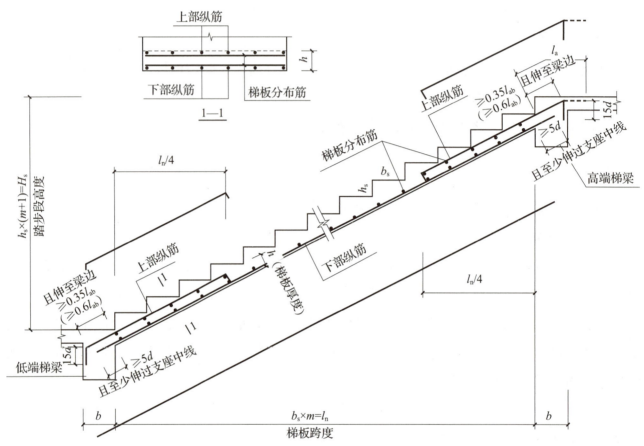

图 7-2-1 AT 型楼梯板配筋构造详图

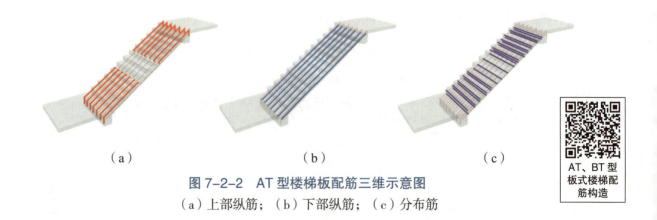

（a）　　　　　　　　　（b）　　　　　　　　　（c）

图 7-2-2　AT 型楼梯板配筋三维示意图

（a）上部纵筋；（b）下部纵筋；（c）分布筋

AT、BT 型
板式楼梯配
筋构造

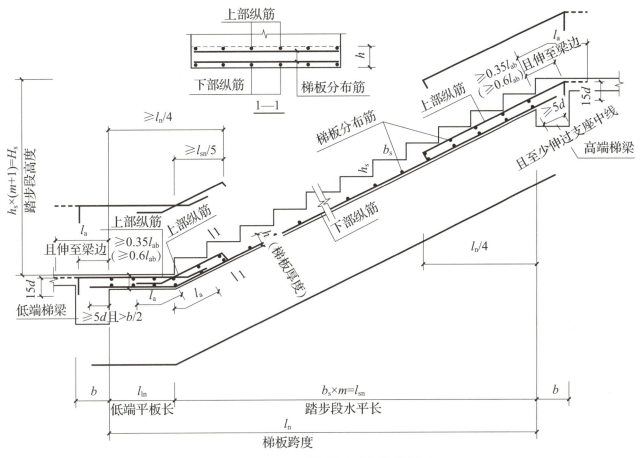

图 7-2-3　BT 型楼梯板配筋构造详图

（a）　　　　　　　　　　　（b）　　　　　　　　　　　（c）

图 7-2-4　BT 型楼梯板配筋三维示意图

（a）上部纵筋；（b）下部纵筋；（c）分布筋

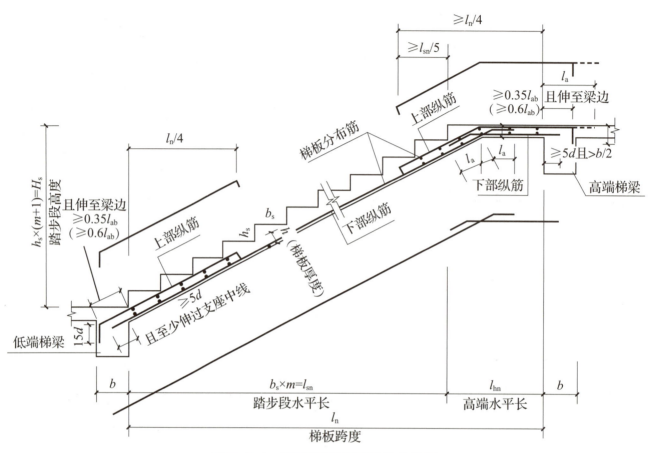

图 7-2-5　CT 型楼梯板配筋构造详图

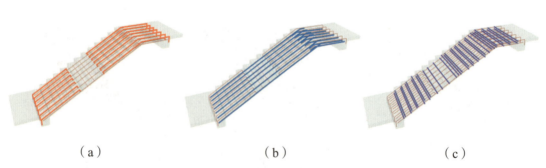

（a）　　　　　　　　（b）　　　　　　　　（c）

图 7-2-6　CT 型楼梯板配筋三维示意图

（a）上部纵筋；（b）下部纵筋；（c）分布筋

CT、DT 型
板式楼梯配
筋构造

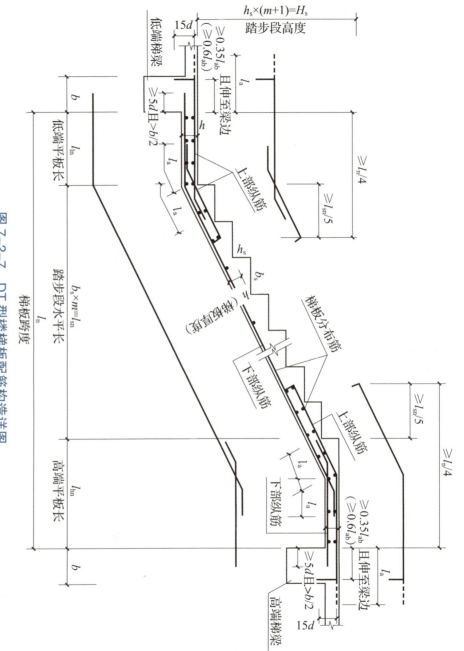

图 7-2-7　DT 型楼板配筋构造详图

（a）　　　　　　（b）　　　　　　（c）

图 7-2-8　DT 型楼梯板配筋三维示意图

（a）上部纵筋；（b）下部纵筋；（c）分布筋

（1）图中上部纵筋锚固长度 $0.35l_{ab}$，用于设计按铰接的情况，括号内数据 $0.6l_{ab}$，用于设计考虑充分利用钢筋抗拉强度的情况，具体工程中设计应指明采用何种情况。

（2）上部纵筋有条件时可直接伸入平台板内锚固，从支座内边算起应满足锚固长度，如图中虚线所示。

图中标注：
$h_s \times (m+1) = H_s$ 踏步段高度

低端梯梁　$\geqslant 0.35l_{ab}$（$\geqslant 0.6l_{ab}$）且伸至梁边

$15d$

$\geqslant 5d$ 且 $> b/2$

上部纵筋

$\geqslant l_{sn}/5$

$\geqslant l_n/4$

低端平板长　l_{hn}

踏步段水平长　$b_s \times m = l_{sn}$

梯板跨度　l_n

梯板分布筋

下部纵筋

上部纵筋

下部纵筋

高端平板长

$\geqslant 0.35l_{ab}$（$\geqslant 0.6l_{ab}$）且伸至梁边

高端梯梁

$\geqslant 5d$ 且 $> b/2$

$15d$

楼梯平法施工图识读案例 1

楼梯平法施工图识读案例 2

7.3 课堂活动（工学活动）

7.3.1 工作情景描述

为了提升学生对楼梯结构施工图的识读能力，现有一项楼梯结构施工图交底任务，老师要求学生认真阅读资料，理解图纸设计意图，对图纸所表达信息进行仔细分析，系统消化，并完成交底任务。具体资料和要求如下。

某市一所中学教学楼，共 5 层，总建筑高度为 20.05 m，总建筑面积为 1 446.45 m²。为保证钢筋班组和木工模板班工作中不出现差错，并按时完成任务，项目部要求施工员小李在本在项目部会议室对钢筋组和木工模板班组成员进行 −0.860～−5.570 m 标高的楼梯结构施工图交底。

假如你是施工员小李，你应该如何做？

7.3.2 活动要求

学生按照工学流程完成工作页中的工学活动，运用现浇混凝土板式楼梯结构施工图识读的基本知识，完成工作情景中的交底任务。

小课堂

奇迹是干出来的——记北京大兴国际机场

北京大兴国际机场（Beijing Daxing International Airport），又称北京第二国际机场，北京新机场，在 2019 年 9 月 25 日正式启用。中共中央总书记、国家主席、中央军委主席习近平在出席机场投运仪式时强调，大兴国际机场能够在不到 5 年的时间里完成预定的建设任务，顺利投入运营，充分展现了中国工程建筑的雄厚实力，充分体现了中国精神和中国力量，充分体现了中国共产党领导和我国社会主义制度能够集中力量办大事的政治优势。新中国 70 年何等辉煌！中国共产党领导中国人民实现了一个又一个"不可能"，创造了一个又一个难以置信的奇迹。奇迹是干出来的，社会主义是干出来的。中国人民有雄心，有自信继续奋斗，朝着实现"两个一百年"奋斗目标、实现中华民族伟大复兴的中国梦奋勇前进。实践充分证明，中国人民一定能，中国一定行。

大兴国际机场位于首都正南，距天安门广场直线距离约 46 km，地处京津冀区域的中心。耗资 800 亿元，大兴机场占地约 4.05 万亩（1 亩＝666.67 m²），共有 4 条跑道，150 个机位的客机坪，24 个机位的货机坪，14 个机位的维修机坪，70 万 m² 的航站楼，旅客年吞吐量预计达到 1.3 亿人次，被英国《卫报》评为"现代世界七大奇迹"之首，与沙特阿拉伯王国塔、港珠澳大桥等闻名世界的建筑齐名。

北京大兴国际机场航站楼拥有多个世界之最：世界规模最大的单体机场航站楼，世界施工技术难度最高的航站楼，世界采用隔震支座的机场航站楼，世界最大的无结构缝一体化航站楼。此外，北京大兴国际机场还拥有国内最大的地源热泵系统工程。

参考文献

[1] 中国建筑标准设计研究院有限公司. 混凝土结构施工图平面整体表示方法制图规则和构造详图: 22G101 系列图集 [S]. 北京: 中国标准出版社, 2022.

[2] 李庆肖. 混凝土结构平法识图 [M]. 北京: 中国建筑工业出版社, 2020.

[3] 陈丽红. 建筑结构基础与识图 [M]. 北京: 中国建筑工业出版社, 2015.

[4] 胡敏. 平法识图与钢筋翻样 [M]. 北京: 高等教育出版社, 2017.

钢筋混凝土结构施工图交底工作页

班级：_____

姓名：_____

工号：_____

目 录

学习任务一　结构设计总说明交底

工学活动一　获取结构设计总说明交底信息

一、领取任务

领取结构设计总说明（图1-1-1）、结构设计总说明交底记录表，明确任务要求，确定关键词，熟悉工作任务。通过查阅书籍或者其他资料，完成以下任务。

1.每个单项工程全套结构施工图一般由哪些图纸组成？其中图纸目录编制包含哪些内容，其编排顺序是什么？

2.结构设计总说明的作用是什么？它一般处于一个单项工程全套结构施工图的哪个位置？

3.以小组为单位讨论该住宅楼项目结构设计总说明交底包括哪些内容。

结构设计总说明

一、工程概况

1. 本工程为A级高度钢筋混凝土高层建筑，地上9层；结构体系为框剪结构，室内外高差为0.500 m，建筑高度为30.800 m。

2. 基础、雨篷和屋顶飘板环境类别为二类b，厨房、卫生间引环境类别为二类b，上部结构环境类别为一类。各部分混凝土应满足《混凝土结构设计标准(2024年版)》(GB 50010—2010)中有关耐久性的规定。

3. 建筑物耐火等级为二级，防水等级为二级。

4. 本工程结构设计使用年限为50年，建筑结构安全等级为二级。

二、设计依据

1. 业主单位批准本工程的设计方案。

2. 其他专业提供的有关资料。

3. 本工程框架梁、柱、剪力墙、基础、楼梯构造要求采用《混凝土结构施工图平面整体表示方法制图规则和构造详图》(22G101-1、22G101-2、22G101-3)。

三、建设场地工程地质情况

1. 地形地貌：该场地地形为黄河泛流平原地形，地貌单元为黄河早期冲积一级阶地地，属第四系全新统河流相沉积。

2. 本工程基础持力层：第1层粉土夹薄层黏土层；承载力特征值为120 kPa。

3. 地下水：场区地下水位深6.5 m，地下水年变幅为1.0~2.0 m，对混凝土无微腐蚀性。

4. 场地土类型与建筑场地类别：场地土类型为中软场地土，建筑场地类别为三类，地基土不液化。

四、工程抗震设防

1. 根据《建筑抗震设计标准(2024年版)》(GB/T 50011—2010)，本工程抗震设防烈度为6度，设计基本地震加速度为0.05 g，设计地震分组为第二组，建筑抗震设防分类为丙类。

2. 本工程8.970以下剪力墙底部加强部位，剪力墙抗震等级为三级；框架抗震等级按四级；抗震构造措施按四级，嵌固部位为基础顶。

五、建筑结构荷载

1. 楼面均布活荷载(单位：kN/m²)如下：

非上人屋面为0.5；上人屋面为2.0；电梯机房为7.0；消防疏散楼梯为3.5；客厅、卧室为2.0；阳台为2.0；卫生间为2.5；厨房为2.0；门厅、走廊为3.5；基本雪压为0.45；基本风压(地面粗糙度B类)为0.35。风载体型系数为1.3。

2. 楼面恒荷载(kN/m²) 楼面主要房间的恒荷载如下：

商业部分为5.0；客/餐厅及卧室为1.50；厨房为2.20；卫生间为2.60。

六、建筑材料(结构材料的强度标准值应具有不小于95%的保证率，并符合抗震性能指标要求)

1. 混凝土强度等级如下：

标高范围	混凝土强度等级					
	基础垫层	基础(梁)承台筏板	剪力墙(含连梁)	柱	梁	板
−0.030以下(含−0.030)	C15	C30	C30	C30	C30	C30
−0.030以上		C30	C30	C30	C30	C30
过梁、构造柱	C25					

2. 钢筋：Φ—HPB300级钢筋，Φ—HRB400级钢筋等，抗震等级为一、二、三级。

3. 砌体及填充墙 [《砌体填充墙结构构造》(22G614-1)]：

除建筑注明外，±0.000以下用MU20烧结煤矸石实心砖，M10水泥砂浆砌筑。±0.000以上均采用加气混凝土砌块，干体积容重≤7 kN/m³，强度等级为A3.5，采用Ma5.0混合砂浆砌筑。填充墙墙厚详建施。

七、地基基础

1. 本工程基础设计等级为乙级。

2. 本工程基础设计要求详见基础图。

3. 基坑开挖时应采取完善的支护措施确保边坡稳定和周围建筑物、道路的安全。

八、钢筋混凝土结构构造

1. 钢筋保护层厚度。

纵向受力钢筋混凝土保护层不应小于受力钢筋公称直径及以下值：一类环境梁、柱、杆不小于20 mm，板、墙不小于15 mm；二类a环境梁、柱、杆不小于25 mm，板、墙不小于20 mm；二类b环境梁、柱、杆不小于35 mm，板、墙不小于25 mm；地下室侧壁外混凝土迎水面为50 mm，内侧为20 mm；当混凝土强度不大于C25时上述数值应增加5 mm。混凝土耐久性要求(地下室基础底板、外围墙柱及消防水池周边墙柱均为防水混凝土抗渗等级不小于P6)：

环境等级	最大水胶比	最低混凝土强度等级	最大氯离子含量1%	最大碱含量1%	环境等级	最大水胶比	最低混凝土强度等级	最大氯离子含量1%	最大碱含量1%
一	0.60	C20	0.3	不限制	二a	0.45	C35	0.15	
二a	0.55	C25	0.2	3.0	二b	0.40	C40	0.1	3.0
二b	0.50	C30	0.16						

2. 梁。

主次梁相交处(或梁上集中荷载处)均应在主梁上(次梁两侧)设置附加箍筋，附加箍筋的形状及肢数与主梁内箍筋相同，构造如下图。吊筋详见单项设计。

梁上集中荷载处附加箍筋

图纸目录

序号	图号	名称
1	结施-01	结构设计说明及图纸目录
2	结施-02	基础平布置图
3	结施-03	基础顶~8.970墙、柱平法施工图
4	结施-04	8.970~14.970墙、柱平法施工图
5	结施-05	14.970~27.000墙、柱平法施工图
6	结施-06	-0.030梁平法施工图
7	结施-07	2.970梁平法施工图
8	结施-08	2.970板平法施工图
9	结施-09	5.970结构平面布置图
10	结施-10	8.970~23.970结构平面布置图
11	结施-11	23.970结构平面布置图
12	结施-12	27.000结构平面布置图
13	结施-13	楼梯、31.400结构平面布置图
14	结施-14	楼梯详图、节点详图

图别	结施	图号	01

图1-1-1　结构设计总说明

二、阅读结构设计总说明，明确基本信息

每组成员先独立阅读结构设计总说明，然后罗列结构设计总说明中所包含的各大项内容，并根据教师的点评和引导对信息进行完善，列出交底重点、难点，形成书面学习纪要（表1-1-1）。

表1-1-1 结构设计总说明交底记录表

图纸名称		图纸编号	
项目名称		日期	
纪要内容：			
施工员		小组长	成员

工学活动二　制订结构设计总说明交底计划

一、制订结构设计总说明识读步骤

结合本工程结构设计总说明，查阅相关资料，并将表1-2-1中"识图步骤"选项进行排序。

表1-2-1 结构设计总说明识图步骤排序表

序号	识图步骤	序号	识图步骤
1	设计依据	6	钢筋混凝土结构构造
2	图号、图名	7	建筑结构荷载
3	图纸目录	8	建筑材料选用
4	工程概况	9	工程抗震设防
5	场地地质情况	10	地基及基础
正确顺序：			

二、制作结构设计总说明基本信息表

（一）获取结构设计总说明所包含的主要信息

识读结构设计总说明，以小组为单位叙述其所包含的内容，划出结构设计总说明中的关键信息。

（二）制作结构设计总说明基本信息表

每组成员先独立阅读结构设计总说明，明确本项目工程概况、设计依据、材料选用、一般构造等基本信息，并根据教师的点评和引导填写结构设计总说明基本信息表（表1-2-2）。

表 1-2-2　结构设计总说明基本信息表

工程概况			设计依据	
建筑信息	总层数		结构荷载规范	
	总高度			
	占地总面积		抗震设计规范	
	建筑总面积			
	场地类别		砼结构设计规范	
	环境类别			
结构信息	结构形式		基础类设计规范	
	抗震等级			
	设计使用年限		楼（屋）面活荷载标准值	
	设防烈度			
	设防分类		主要套用的图集	
	基本风压			
基础信息	基础持力层			
	基础型式			
材料选用				
混凝土	梁、板、柱、剪力墙		墙体	砌块选用	
	基础			砂浆选用	
	基础垫层			砌体施工质量控制等级	
	构造柱及圈梁			
钢筋	选用要求			
	钢筋保护层厚度			
	连接方式要求			

三、确定结构设计总说明交底工作方案

学生通过学习结构设计总说明，获取重要信息，依据交底流程、交底内容及所划出的交底重点、难点，结合本班每位学生的学习情况及动手能力，自主分配任务，形成结构设计总说明交底方案（表1-2-3）。

表1-2-3 结构设计总说明交底方案记录表

交底任务名称		交底日期	
记录人		班级	
小组成员			
项目名称		交底计划	
获取结构设计总说明基本内容的步骤			
结构设计总说明交底信息表的制作及完善			
结构设计总说明交底重点、难点			

工学活动三　审核并实施结构设计总说明交底计划

一、审核结构设计总说明交底计划

1. 学生以小组为单位对本组拟订好的工作方案和交底计划进行理由陈述，其他各小组给出合理建议，教师对各小组的工作方案和交底计划进行点评并给出修改意见（表1-3-1）。

表1-3-1 结构设计总说明交底计划审核表

班级		小组		组长	
讲解		记录员			
组员					
序号	计划内容	是否合理	小组修改意见	教师修改意见	备注
1	结构设计总说明识图步骤排序表				
2	结构设计总说明基本信息表				
3	结构设计总说明交底方案记录表				

2.各小组根据教师及同学意见进行小组讨论并修改计划，制订一份工作任务现场看板。

二、实施结构设计总说明交底

分小组进行结构设计总说明交底。模拟施工现场，小组内采用角色扮演的形式（一方为施工员，另一方为施工班组）完成下列工作。

1.本次交底的为某住宅楼结构设计总说明，各小组分别以教师指定的结构设计总说明为交底对象，由项目施工员根据已完善的交底方案记录表（表1-2-3），向施工班组逐一交底陈述该项目结构设计总说明中所表达的内容。

2.交底完成后，由小组内施工班组成员整理交底内容，形成结构设计总说明交底，由施工员进行记录（表1-3-2）。

3.施工员检查施工班组记录表是否准确完整，检查合格后双方签字。

表 1-3-2 结构设计总说明交底施工员记录表

交底任务名称		交底日期	
记录人		班级	
小组			
交底内容：			
结构设计总说明基本信息			
交底中强调施工需注意的重点、难点			
审核人		交底人	被交底人

工学活动四　交底过程控制

一、检查结构设计总说明识图步骤排序

以学习小组为单位，检查各小组的识图步骤排序互检表，将检查结果记录在表 1-4-1 中，并进行展示。

表 1-4-1　结构设计总说明识图步骤排序互检表

组别：		
检查内容	存在问题	整改结果

二、检查结构设计总说明基本信息

以学习小组为单位，进行小组自检和小组互检，检查制订的结构设计总说明基本信息表，将检查结果记录在表 1-4-2 中，并进行展示。

表 1-4-2　结构设计总说明基本信息互检表

组别：			
检查内容	存在问题	分析原因	整改结果

三、检查结构设计总说明交底方案

以学习小组为单位，进行小组自检和小组互检，检查制订的结构设计总说明交底方案，将检查结果记录在表 1-4-3 中，并进行展示。

表 1-4-3　结构设计总说明交底方案互检表

组别：			
检查内容	存在问题	分析原因	整改结果

四、原因分析

将通过小组自检和互检得出的结构设计总说明识图步骤排顺、结构设计总说明基本信息内容、结构设计总说明交底方案内容存在的问题，以学习小组为单位（头脑风暴法）进行讨论分析，将分析结果记录下来，并进行展示。

五、交底答疑

各学习小组对本组制订的结构设计总说明识图步骤排顺、结构设计总说明基本信息结构设计总说明交底方案存在的问题和产生的原因进行归纳总结，然后汇报，其他小组对汇报情况进行提问和总结，对答疑过程进行评定（表1-4-4）。

表1-4-4 答疑过程评定表

被评价组：	评价人：	
问题	答疑记录	评分（0~10分）
教师评议：		

总分：

各小组交底答疑结束后，教师对各小组交底答疑情况进行总结，对疑惑之处进行解答，然后对各组进行点评。

工学活动五　工作总结与评价

一、反馈交底效果

施工员根据交底记录向项目部反馈交底效果，并形成记录（表1-5-1）。

表1-5-1 交底反馈表

交底内容	交底效果

二、展示与评价

（一）学生自评及小组互评

将制作好的结构设计总说明交底方案进行分组展示，再由小组选派代表进行介绍。在此过程中，以小组为单位，对方案进行学生自评与小组互评（表1-5-2）。

表1-5-2　自评与小组互评表

班级：	姓名：	学号：			日期：						
序号	评价项目	评价标准（A、B、C、D）	学生自评结果				小组互评结果			
			A	B	C	D	A	B	C	D
1	预习准备情况	完成□　大部分完成□　大部分未做□　没做□								
2	资料收集水平	好□　较好□　一般□　差□								
3	与老师同学沟通情况	好□　较好□　一般□　存在较大的问题□								
4	与同学协作情况	好□　较好□　一般□　存在较大的问题□								
5	做事主动性	好□　较好□　一般□　差□								
6	做事态度	好□　较好□　一般□　差□								
7	技术方法运用情况	好□　较好□　一般□　存在较大的问题□								
8	任务是否完成	较快完成□　完成□　大部分完成□　大部分未完成□								
9	6S执行情况	好□　较好□　一般□　存在较大的问题□								
10	创新情况	好□　较好□　一般□　无□								
	等级	A（7个以上A，无D） B（6个以上A） C（4个以上A，无D） D（3个以内D）	学生自评				小组互评			

（二）评价总结

评价完成后，根据其他组成员对本组展示成果的反馈建议进行归纳总结。

（三）教师评价（表1-5-3）

1. 点评各小组任务完成情况。
2. 对任务完成过程中各组的典型性问题做出点评，并提出改进建议。
3. 对任务完成过程中出现的亮点做出点评。

表1-5-3　教师评价表

序号	评价项目	评价标准	分值	评价结果			
				很好	好	一般	差
				9～10	7～8	5～6	0～4
1	职业素养	积极参加教学活动，按时完成各项学习任务					
2		团队合作意识强，善于与人交流和沟通					
3		自觉遵守劳动纪律，尊敬师长、团结同学					
4	专业能力	交底工作单填写正确					
5		结构设计总说明交底方案内容要素一览表填写完整					
6		结构设计总说明交底工作方案具有可行性					
7	工作成果	根据交底记录内容与图纸内容及交底工作方案比对情况，分析误差原因，提出改进建议					
8		工作总结符合要求，交底记录填写质量高					

等级	75～89 好	60～74 一般	59以下 差	综合得分	
整体效果					
主要不足					
改进建议					

学习任务二　基础结构施工图交底

工学活动一　获取基础结构施工图交底信息

一、领取任务

领取基础结构施工图（图 2-1-1、图 2-1-2）图纸、基础结构施工图交底记录表，明确任务要求，确定关键词，划出交底重点、难点。通过查阅书籍或者其他资料，完成以下任务。

1. 独立基础的平面注写方式应如何表示？
2. 以小组为单位讨论基础结构施工图交底包括哪些内容。

二、初读基础结构施工图，做好内容纪要

施工员领取基础结构施工图，复述任务要求。

每组成员先独立阅读基础平法施工图，然后罗列基础平法施工图中所包含的内容，并根据教师的点评和引导对信息进行完善，形成书面学习纪要（表 2-1-1）。

表 2-1-1　基础结构施工图交底记录表

楼栋号		楼层号	
基础编号		日期	
纪要内容：			
施工员		小组长		成员	

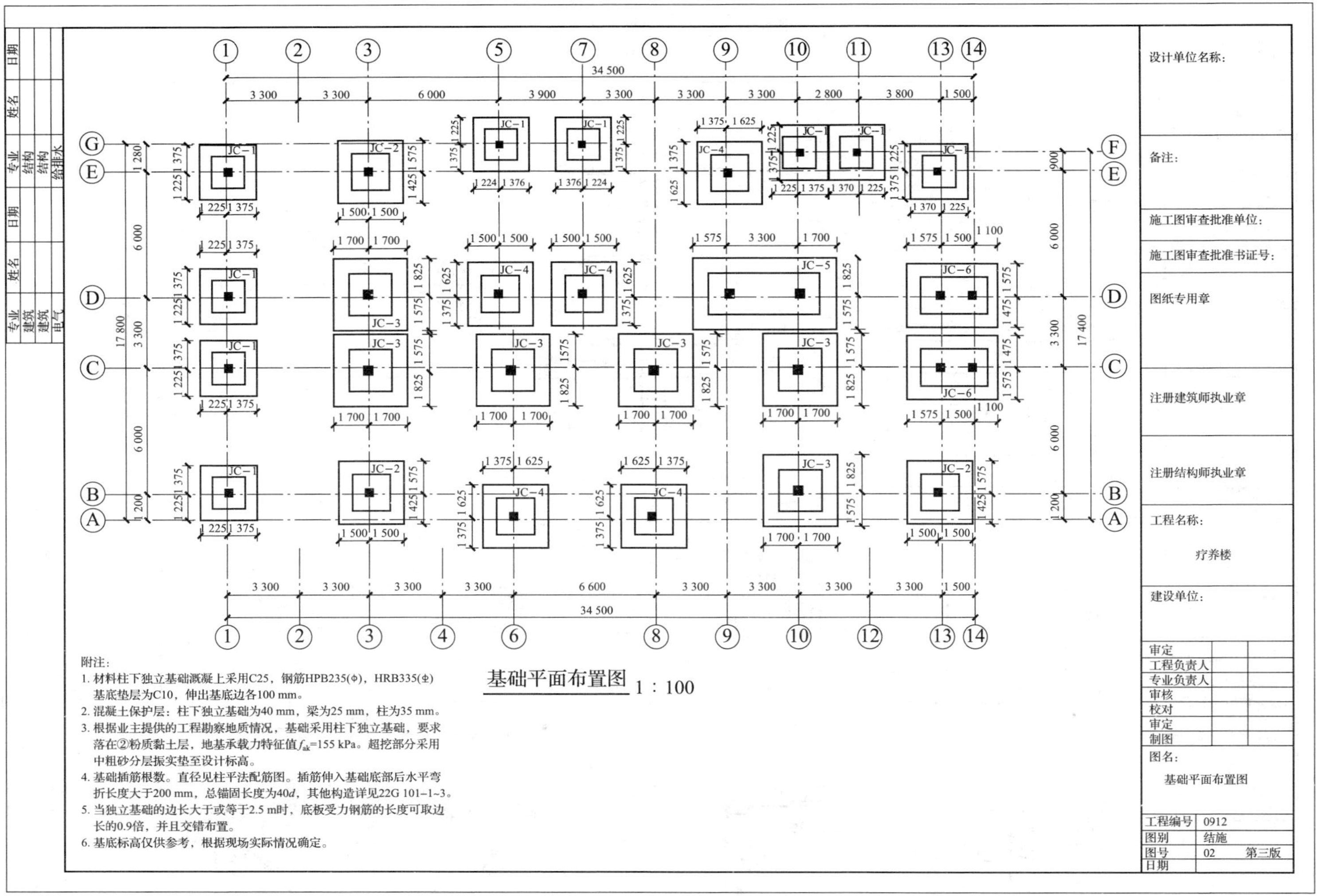

基础平面布置图 1：100
附注：
1. 材料柱下独立基础混凝土采用C25，钢筋HPB235(Φ)，HRB335(Φ)
基底垫层为C10，伸出基底边各100 mm。
2. 混凝土保护层：柱下独立基础为40 mm，梁为25 mm，柱为35 mm。
3. 根据业主提供的工程勘察地质情况，基础采用柱下独立基础，要求落在②粉质黏土层，地基承载力特征值f_{ak}=155 kPa。超挖部分采用中粗砂分层振实垫至设计标高。
4. 基础插筋根数。直径见柱平法配筋图。插筋伸入基础底部后水平弯折长度大于200 mm，总锚固长度为40d，其他构造详见22G 101-1~3。
5. 当独立基础的边长大于或等于2.5 m时，底板受力钢筋的长度可取边长的0.9倍，并且交错布置。
6. 基底标高仅供参考，根据现场实际情况确定。
设计单位名称：
备注：
施工图审查批准单位：
施工图审查批准书证号：
图纸专用章
注册建筑师执业章
注册结构师执业章
工程名称：
疗养楼
建设单位：
审定
工程负责人
专业负责人
审核
校对
审定
制图
图名：
基础平面布置图
工程编号 0912
图别 结施
图号 02 第三版
日期
专业 姓名 日期
建筑
结构
给排水
电气

图 2-1-1 独立基础平面图

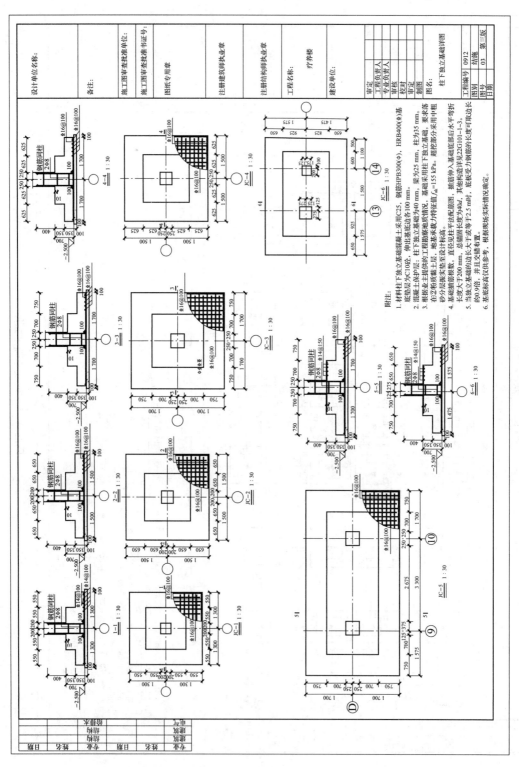

图 2-1-2 独立基础构造详图

工学活动二　制订基础结构施工图交底计划

一、钢筋混凝土基础平法施工图识读步骤排序

结合本工程结构施工图，查阅相关资料，并将表2-2-1中的"识图步骤"选项进行排序。

表2-2-1　基础平法施工图识图步骤排序表

序号	识图步骤
1	看施工说明，从中了解施工时对基础材料及其强度等的要求，以便准确施工
2	看图名、比例和纵横定位轴线编号，了解有多少道基础、基础间定位轴线尺寸
3	看基础墙、柱及基础底面的形状、尺寸大小及其与轴线的关系，注意轴线的中分与偏分
4	看基础平面图中剖切线及其编号，了解基础断面图的种类、数量及其分布位置，以便其与断面图对照阅读
5	阅读基础布置图时要注意基础的标高和定位轴线的数值，了解基础的形式和区别，注意其他工种在基础上的预埋件和预留洞
正确顺序：	

二、获取基础内外的有关信息

结合本工程结构施工图，在指定基础结构施工图中，以小组为单位叙述教师指定的某编号的基础的内外具体信息。

三、获取基础集中标注内容

独立查阅《钢筋混凝土结构施工图平面整体表示方法制图规则和构造详图（现浇混凝土框架、剪力墙、梁、板）》（以下简称《22G101-1》）中的基础平法施工图制图规则，根据所学内容写出教师指定的基础集中标注的内容（三项必注值及两项选注值）（表2-2-2）。

表2-2-2　基础集中标注信息表

序号	集中标注内容	独立基础＿＿＿＿＿的集中标注信息
1	基础编号	
2	截面竖向尺寸	
3	配筋	
4	基础标高高差	
5	必要的文字注解	

四、获取基础原位标注内容

独立查阅《22G101-1》中的基础平法施工图制图规则，写出教师指定的基础原位标

注的内容（表 2-2-3）。

表 2-2-3　基础原位标注信息表

序号	原位标注内容	独立基础_____的原位标注信息
1	独立基础两向边长	
2	独立基础阶宽	
3	柱截面尺寸	

五、制作基础信息一览表

识读所给基础结构施工图，以小组为单位完善教师指定的基础信息表（表 2-2-4）。

表 2-2-4　基础信息表

基础_____信息表	
集中标注	
原位标注	

六、确定基础结构施工图交底工作方案

学生通过学习基础结构施工图，获取重要信息，依据交底流程及交底内容，结合学习情况及动手能力，自主分配任务，形成基础交底方案（表 2-2-5）。

表 2-2-5　基础结构施工图交底方案记录表

交底任务名称		交底日期	
记录人		班级	
小组成员			
项目名称	方案步骤		
获取基础信息的步骤			
基础的结构施工图交底信息表的制作及完善			

一、制订基础大样图绘制步骤

查阅资料或者检索《建筑结构制图标准》（GB/T 50105—2010），根据大样图绘制出其立面图或剖面图。

二、绑扎缩小版基础钢筋的步骤

1. 观看基础钢筋绑扎的视频材料。

2. 阅读下列"绑扎缩小版基础钢筋的步骤"选项及其顺序，检查是否有误，如有误，请改正。

①领取材料工具；②摆放基础钢筋网片；③绑扎柱子插筋；④测量放线；⑤调整钢筋网片并放置撑脚；⑥绑扎基础钢筋网片；⑦弹钢筋位置线；⑧检查验收；⑨校正柱插筋位置并固定。

正确选项：_____

工学活动三　审核并实施基础结构施工图交底计划

一、审核基础结构施工图交底计划

1. 学生以小组为单位对本组拟订好的工作方案和交底计划进行理由陈述，其他各小组给出合理建议，教师对各小组的工作方案和交底计划进行点评并给出修改意见（表2-3-1）。

表 2-3-1　基础结构施工图交底计划审核表

班级		小组		组长	
讲解		记录员			
组员					
序号	计划内容	是否合理	小组修改意见	教师修改意见	备注
1	获取基础信息的步骤				
2	基础施工图交底信息表				
3	基础交底方案				

2. 各小组根据教师及同学意见进行小组讨论并修改计划，制订一份工作任务现场看板。

二、实施基础结构施工图交底

分小组进行基础施工图交底。模拟施工现场，小组内采用角色扮演的形式（一方为施工员，另一方为钢筋班组）完成下列工作。

1. 本次交底的为基础平法施工图，各小组分别以教师指定的该层平面图中某独立基础为交底对象，由项目施工员根据前期已完善的基础信息表（表2-2-4）及独立基础平面图（图2-1-1），向钢筋班组逐一交底陈述该独立基础平法图中所表达内容。

2. 交底完成后，由小组内钢筋班组成员整理交底内容，形成基础结构施工图交底施工员记录表（表2-3-2）。

3. 施工员检查钢筋班组记录表是否准确完整，检查合格后双方签字。

表2-3-2 基础结构施工图交底施工员记录表

交底任务名称			交底日期	
记录人			班级	
小组				
交底内容：独立基础＿＿＿＿＿＿＿＿信息表				
集中标注	基础编号			
	截面竖向尺寸			
	配筋			
	基础标高高差			
	必要的文字注解			
原位标注	独立基础两向边长			
	独立基础阶宽			
	柱截面尺寸			
审核人		交底人		被交底人

拓展训练

一、学习准备

学生以小组为单位对本组拟订好的基础大样图绘制步骤和绑扎缩小版基础钢筋的步骤进行理由陈述，其他各小组给出合理建议，教师对各小组的工作方案和交底计划进行点评并给出修改意见（表2-3-3）。

表2-3-3 基础大样图绘制步骤和绑扎缩小版基础钢筋的步骤审核表

班级		小组		组长	
讲解		记录员			
组员					
序号	计划内容	是否合理	小组修改意见	教师修改意见	备注
1	绘制基础大样图的步骤				
2	绑扎缩小版基础钢筋的步骤				
3	基础交底方案				

二、绘制基础大样图

1.各小组填写绘制基础大样图所需绘图板、丁字尺、三角板、直尺、比例尺、绘图笔等绘图工具清单（表2-3-4），并领取工具。

表2-3-4　绘图工具清单

序号	名称	型号规格	领用数量
1			
2			
3			
4			
5			
6			

2.各小组根据基础结构施工图交底施工员记录表、基础平法施工图及基础钢筋三维图（图2-3-1），绘制教师指定的基础大样图，包括配筋构造图、x向剖面图和y向剖面图三个部分。

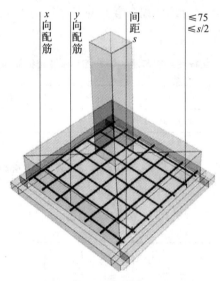

图2-3-1　基础钢筋三维图

（1）绘制配筋构造图：需清楚表达基础的边长、配筋情况和形状。

（2）绘制 x 向剖面图，并标注各部位尺寸。

（3）绘制 y 向剖面图，并标注各部位尺寸。

3. 各小组完成教师指定基础的钢筋表（表2-3-5）的编制。填写表中基础内钢筋编号、直径、长度、根数、总长度、质量等数据，为实际绑扎做好准备。

表 2-3-5 钢筋表

钢筋编号	钢筋简图	直径 /mm	长度 /mm	根数	总长度 /m	质量 /kg

独立基础钢筋的计算如下。

（1） x 向底部钢筋（ y 向底部钢筋计算方法同 x 向）。

1）钢筋长度的计算。

①基础底部长度 $x < 2\,500$ mm 时：

x 向钢筋长度 = 基础底部长度 – 基础两端混凝土保护层厚度 = $x-2c$

②基础底部长度 $x \geqslant 2\,500$ mm 时：

x 向中间缩减 10% 的钢筋长度 = 基础底部长度的 0.9 倍 = $0.9x$

2）钢筋根数的计算。

①基础底部长度 $x < 2\,500$ mm 时：

x 向钢筋根数 = $[y-2 \times \min(75, s/2)]/s+1$

y：基础底部 y 向长度；

s：钢筋间距，第一根钢筋布置的位置距构件边缘的距离是起步距离，独立基础底部钢筋的起步距离的数学公式可以表示为 $\min(75, s/2)$。

②基础底部长度 $x \geqslant 2\,500$ mm 时：

x 向外侧不缩减 10% 的钢筋根数 =2 根

x 向中间缩减 10% 的钢筋根数 = $[y-2 \times \min(75, s/2)]/s+1-2$

（2）顶部纵向受力筋（长方向）。

1）钢筋长度的计算。

①当顶部纵向受力筋分布在双柱独立基础局部时：

单根受力筋长度 = 柱间净距 + 两端锚固长度 = $l_净+2l_a$

②当顶部纵向受力筋满铺时，

单根受力筋长度 = 基础顶面长度 $-2c$

2）钢筋根数的计算。

根据设计图示标注或 $[$基础顶面宽度 $-2 \times \min(75, s'/2)]/s'+1$ 计算得出。

s'：基础顶部钢筋间距。

（3）顶部分布筋（短方向）。

1）钢筋长度的计算。

①当顶部纵向受力筋分布在双柱独立基础局部时：

分布筋长度 =（受力筋根数 -1）$\times s'+2 \times \min(75, s'/2)$

如果分布筋为光圆钢筋，其长度需增加两端弯钩 $2 \times 6.25d$。

②当顶部纵向受力筋满铺时：

分布筋长度 = 基础顶面宽度 $-2c$

2）钢筋根数的计算。

基础顶部分布筋根数 = $[$顶部纵向受力筋长度 $-2 \times \min(75, s'/2)]/s'+1$

三、绑扎缩小版基础钢筋

1.各小组领取材料与工具，填写绑扎缩小版基础钢筋绑扎材料与工具表（表 2-3-6）。

表 2-3-6　绑扎缩小版基础钢筋绑扎材料与工具表

序号	名称	型号规格	领用数量
1			
2			
3			
4			
5			
6			

2. 在实际绑扎前，小组内讨论叙述基础中各个种类钢筋的名称并解释其在基础中的作用。

3. 小组内叙述绑扎缩小版基础钢筋的步骤。

4. 各小组通过观看绑扎缩小版基础钢筋的施工动画或施工视频材料以及审定合格的基础钢筋绑扎步骤，实际绑扎教师指定缩小版基础钢筋，并用标签纸标注好钢筋编号、级别、直径等信息。

5. 检查施工过程中是否满足工地安全生产制度（6S 管理制度），现场施工环境控制是否满足要求，并填写表 2-3-7。

表 2-3-7　现场整理要求检查表

整理现场要点	满足要求	结论
整理（seiri）	是否进行在场物品的分留	
整顿（seiton）	留下来的物品是否依规定位置摆放，并放置整齐、加以标识	
清扫（seiso）	是否将工作场所内清扫干净	
清洁（seiketsu）	是否将整理、整顿清扫进行到底，并且制度化，经常保持环境处于美观的状态	
素养（shitsuke）	每位成员是否养成良好的习惯，并遵守规则做事	
安全（security）	是否重视成员安全教育，每时每刻都有安全第一的观念	

根据表 2-3-7 回答下列问题。

（1）结合施工现场要求，分析做到这几点的目的。

（2）绑扎钢筋完成后，对于绑扎工具应如何处理？应做到哪几点？

工学活动四　交底过程控制

一、检查基础交底记录

以学习小组为单位，检查各小组的交底记录表，将检查结果记录在表2-4-1中，并进行展示。

表2-4-1　基础交底记录检查表

交底内容	交底记录	存在问题	分析原因	整改结果

二、检查基础大样图

以学习小组为单位，进行小组自检和小组互检，检查绘制的指定基础的大样图，将检查结果记录在表2-4-2和表2-4-3中，并进行展示。

表2-4-2　基础大样图自检表

组别：	
检查内容	存在的问题（如尺寸标注、钢筋编号、钢筋位置、钢筋根数等）
尺寸标注	
钢筋编号	

表2-4-3　基础大样图互检表

组别：	
检查内容	存在的问题（如尺寸标注、钢筋编号、钢筋位置、钢筋根数等）
尺寸标注	
钢筋编号	

三、检查缩小版基础钢筋

以学习小组为单位，进行小组自检和小组互检，检查绑扎缩小版的指定基础钢筋，将检查结果记录在表2-4-4和表2-4-5中，并进行展示。

表2-4-4　缩小版基础钢筋自检表

组别：	
检查内容	存在的问题（如标签内容、钢筋位置、钢筋根数等）
x 向钢筋	
y 向钢筋	
短柱插筋	

表2-4-5　缩小版基础钢筋互检表

组别：	
检查内容	存在的问题（如标签内容、钢筋位置、钢筋根数等）
x 向钢筋	
y 向钢筋	
短柱插筋	

四、分析误差

将通过小组自检和互检得出的基础大样图和绑扎缩小版基础钢筋中存在的问题，以学习小组为单位（头脑风暴法）进行讨论分析，将分析结果记录在表2-4-6和表2-4-7中，并进行展示。

表2-4-6　基础大样图存在的问题

小组：				
序号	存在的问题	分析原因	责任人	整改情况
1				
2				
3				
4				

表 2-4-7　绑扎缩小版基础钢筋存在的问题

小组:				
序号	存在的问题	分析原因	责任人	整改情况
1				
2				
3				
4				

五、交底答疑

各学习小组对本组绘制的大样图和绑扎缩小版基础钢筋中存在的问题和产生的原因进行归纳总结，然后汇报，其他小组对汇报情况进行提问和总结，对答疑过程进行评定（表 2-4-8）。

表 2-4-8　答疑过程评定表

被评价组:	评价人:	
问题	答疑记录	评分（0~10分）
教师评议:		

总分:

各小组交底答疑结束后，教师对各小组交底答疑情况进行总结，对疑惑之处进行解答，然后对各组进行点评。

工学活动五 工作总结与评价

一、反馈交底效果

施工员根据交底记录向项目部反馈交底效果，并形成记录（表2-5-1）。

表2-5-1 交底反馈表

交底内容	交底效果

二、展示与评价

（一）学生自评及小组互评（表2-5-2）

将制作好的钢筋基础构件模型进行分组展示，再由小组选派代表进行介绍。在此过程中，以小组为单位，对成品进行学生自评与小组互评。

表2-5-2 学生自评及小组互评表

班级：	姓名：		学号：		日期：						
序号	评价项目	评价标准（A、B、C、D）	学生自评结果				小组互评结果			
			A	B	C	D	A	B	C	D
1	预习准备情况	完成□ 大部分完成□ 大部分未做□ 没做□								
2	资料收集水平	好□ 较好□ 一般□ 差□								
3	与老师同学沟通情况	好□ 较好□ 一般□ 存在较大的问题□								
4	与同学协作情况	好□ 较好□ 一般□ 存在较大的问题□								
5	做事主动性	好□ 较好□ 一般□ 差□								
6	做事态度	好□ 较好□ 一般□ 差□								
7	技术方法运用情况	好□ 较好□ 一般□ 存在较大的问题□								

序号	评价项目	评价标准（A、B、C、D）	学生自评结果				小组互评结果			
			A	B	C	D	A	B	C	D
8	任务是否完成	较快完成□　　完成□ 大部分完成□　大部分未完成□								
9	6S 执行情况	好□　较好□　一般□ 存在较大的问题□								
10	创新情况	好□　较好□　一般□　无□								
等级		A（7 个以上 A，无 D） B（6 个以上 A） C（4 个以上 A，无 D） D（3 个以内 D）	学生自评				小组互评			

（二）评价总结

评价完成后，根据其他组成员对本组展示成果的反馈建议进行归纳总结。

（三）教师评价（表2-5-3）

1. 点评各小组任务完成情况。

2. 对任务完成过程中各组的典型性问题做出点评，并提出改进建议。

3. 对任务完成过程中出现的亮点做出点评。

表 2-5-3　教师评价表

序号	评价项目	评价标准	分值	评价结果			
				很好	好	一般	差
				9～10	7～8	5～6	0～4
1	职业素养	劳动保护用品穿戴完备，仪容仪表符合工作要求；安全意识、责任意识、服从意识强					
2		积极参加教学活动，按时完成各项学习任务					
3		团队合作意识强，善于与人交流和沟通					
4		自觉遵守劳动纪律，尊敬师长，团结同学					
5		爱护公物，节约材料，管理现场符合 6S 标准					

序号	评价项目	评价标准	分值	评价结果			
				很好	好	一般	差
				9～10	7～8	5～6	0～4
6	专业能力	交底工作单填写正确					
7		基础结构施工图内容要素一览表填写完整					
8		基础结构施工图交底工作方案具有可行性					
9	工作成果	根据丈量数据与图纸原始数据比对情况，分析误差原因，提出改进建议					
10		工作总结符合要求，交底图记录填写质量高					

等级	75～89 好	60～74 一般	59以下 差	综合得分	

整体效果	
主要不足	
改进建议	

学习任务三　柱结构施工图交底

工学活动一　获取柱结构施工图交底信息

一、领取任务

领取 19.470～37.470 标高的柱平法施工图（图 3-1-1）图纸、柱结构施工图交底记录表，明确任务要求，确定关键词，划出交底重点、难点。通过查阅书籍或者其他资料，完成以下任务。

1. 什么是柱的列表注写方式，表中要注写哪些内容？

2. 什么是柱的截面注写方式？

3. 上部结构嵌固部位的注写有哪些注意事项？

4. 以小组为单位讨论柱结构施工图交底包括的内容。

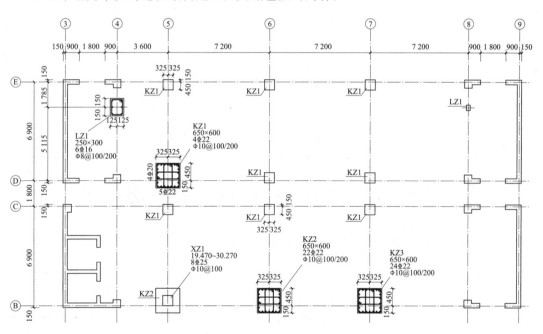

图 3-1-1　19.470～37.470 标高的柱平法施工图（局部）

二、初读柱结构施工图

施工员领取柱结构施工图，复述任务要求。

每组成员先独立阅读 19.470～37.470 标高的柱平法施工图，然后罗列柱平法施工图中所包含的内容，并根据教师的点评和引导对信息进行完善，形成书面学习纪要（表 3-1-1）。

表 3-1-1 柱结构施工图交底记录表

楼栋号		楼层号	
柱编号		日期	

纪要内容：

施工员		小组长		成员	

工学活动二 制订柱结构施工图交底计划

一、钢筋混凝土柱平法施工图识读的顺序

结合本工程结构施工图，查阅相关资料，并将表 3-2-1 中的"识图步骤"进行排序。

表 3-2-1 柱平法施工图识图步骤排序表

序号	识图步骤
1	结构层楼面标高、结构层高与层号
2	图号、图名和比例
3	定位轴线及其编号、间距尺寸
4	柱平法标注：柱编号、起止标高、截面尺寸、纵筋、箍筋
正确顺序：	

二、获取柱截面的内容

独立查阅《22G101-1》中的柱平法施工图制图规则，根据所学内容写出教师指定的框架柱（非框架柱）的截面信息（表 3-2-2）。

表 3-2-2　柱截面注写信息表

序号	截面注写内容	框架柱（非框架柱）_____ 截面注写信息
1	柱编号	
2	柱截面尺寸	
3	角筋	
4	b 边一侧中部筋	
5	h 边一侧中部筋	
6	箍筋	

三、确定柱结构施工图交底工作方案

学生通过学习柱平法施工图，获取重要信息，依据交底流程及交底内容，结合学习情况及动手能力，自主分配任务，形成柱交底方案（表 3-2-3）。

表 3-2-3　柱结构施工图交底方案记录表

交底任务名称		交底日期	
记录人		班级	
小组成员			
项目名称	方案步骤		
获取柱信息的步骤			
柱结构施工图交底信息表的制作及完善			

拓展训练

一、制定柱大样图绘制步骤

1. 查阅资料或者检索《建筑结构制图标准》（GB/T 50105—2010），列出柱纵、横截面图中钢筋表示方法和画法。

2. 将下列绘制柱大样图（含钢筋抽样图）的步骤进行正确的排序。

（1）按照比例绘出柱的截面轮廓。

（2）标出截面尺寸。

（3）写出截面序号。

（4）绘制截面图中的箍筋并标注。

（5）绘制截面图中的 b 边一侧中部钢筋并标注。

（6）绘制截面图中的 h 边一侧中部钢筋并标注。

（7）绘制截面图中的角筋并标注。

正确选项：_____

二、绑扎缩小版柱钢筋的步骤

通过搜索资料、观看柱钢筋绑扎的视频等，简述柱钢筋绑扎的过程。

工学活动三　审核并实施柱结构施工图交底计划

一、审核柱结构施工图交底计划

1. 学生以小组为单位对本组拟订好的工作方案和交底计划进行理由陈述，其他各小组给出合理建议，教师对各小组的工作方案和交底计划进行点评并给出修改意见（表3-3-1）。

表 3-3-1　柱结构施工图交底计划审核表

班级		小组		组长	
讲解		记录员			
组员					
序号	计划内容	是否合理	小组修改意见	教师修改意见	备注
1	获取柱信息的步骤				
2	柱施工图交底信息表				
3	柱交底方案				

2. 各小组根据教师及同学意见进行小组讨论并修改计划，制订一份工作任务现场看板。

二、实施柱结构施工图交底

分小组进行柱施工图交底。模拟施工现场，小组内采用角色扮演的形式（一方为施工员，另一方为钢筋班组）完成下列工作。

1. 本次交底的为 19.470～37.470 标高的柱平法施工图，各小组分别以教师指定的该层平面图中某柱为交底对象，由项目施工员根据已完善的交底方案及柱平法施工图，向钢筋班组逐一交底陈述该柱平法施工图中所表达的内容。

2. 交底完成后，由小组内钢筋班组成员整理交底内容，形成柱结构施工图交底施工员记录表（表 3-3-2）。

3. 施工员检查钢筋班组记录表是否准确完整，检查合格后双方签字。

表 3-3-2　柱结构施工图交底施工员记录表

交底任务名称			交底日期	
记录人			班级	
小组				
交底内容：框架柱（梁上柱、芯柱……）＿＿＿＿＿＿信息表				
截面注写	柱编号			
	柱截面尺寸			
	箍筋：钢筋级别、直径、加密区及非加密区间距、肢数			
	b_1/b_2			
	h_1/h_2			
	角筋			
	b 边一侧中部筋			
	h 边一侧中部筋			
审核人		交底人		被交底人

拓展训练

一、学习准备

学生以小组为单位对本组拟订好的柱大样图绘制步骤和绑扎缩小版柱钢筋的步骤进行理由陈述，其他各小组给出合理建议，教师对各小组的工作方案和交底计划进行点评并给出修改意见（表 3-3-3）。

表 3-3-3　柱大样图绘制步骤和绑扎缩小版柱钢筋的步骤审核表

班级		小组		组长	
讲解		记录员			
组员					
序号	计划内容	是否合理	小组修改意见	教师修改意见	备注
1	绘制柱大样图（含钢筋抽样图）的步骤				
2	绑扎缩小版柱钢筋的步骤				

二、绘制柱大样图

1. 各小组填写绘制柱大样图所需绘图板、丁字尺、三角板、直尺、比例尺、绘图笔等绘图工具清单（表 3-3-4），并领取工具。

表 3-3-4　绘图工具清单

序号	名称	型号规格	领用数量
1			
2			
3			
4			
5			
6			

2. 各小组根据柱结构施工图交底施工员记录表、柱平法施工图及柱钢筋三维图（图3-3-1），绘制教师指定柱大样图（含钢筋抽样图），包括立面图、钢筋详图和断面图三个部分。

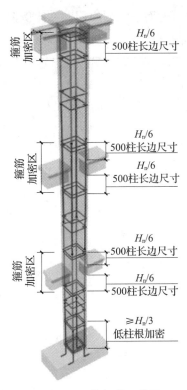

图 3-3-1　柱钢筋三维图

（1）绘制立面图：需清楚表达柱的长度、立面形状和钢筋位置。

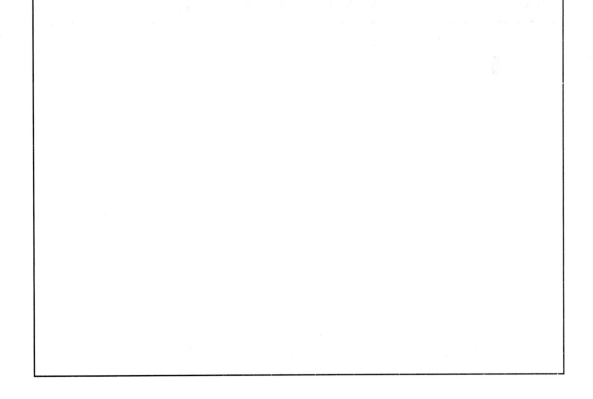

（2）绘制钢筋详图：需按自上而下的顺序用同一比例把钢筋画在柱立面图的下方，钢筋比较简单时可以不画钢筋详图。

（3）绘制截面图：一般需表达三个位置的配筋即两个柱端截面和一个跨中截面，每个截面表达柱的角筋、中部纵筋、箍筋，钢筋使用阿拉伯数字编号，相同的钢筋编一个号。

3. 各小组完成教师指定柱的钢筋表（表 3-3-5）的编制。填写表中柱内钢筋编号、直径、长度、根数、总长度、质量等数据，为实际绑扎做好准备。

表 3-3-5 钢筋表

钢筋编号	钢筋简图	直径 /mm	长度 /mm	根数	总长度 /m	质量 /kg

小提示： 在学会识读柱平法施工图的基础上，在实际工程中最为基本的应用就是对柱中钢筋工程量的计算。（钢筋混凝土柱的标准构造详图可查阅 22G101-1）

（1）柱纵筋长度的计算。

1）地下一层柱纵筋长度 = 地下一层层高 – 地下一层非连接区 $H_n/3$+ 首层非连接区 $H_n/3$+ 搭接长度 l_{lE}（如果出现多层地下室，只有基础层顶面和首层顶面是 $H_n/3$，其余均为 $\max\left[1/6H_n,\ 500\ mm,\ h_c\right]$）。

2）首层柱纵筋长度 = 首层层高 – 首层非连接区 $H_n/3$+$\max\left[H_n/6,\ h_c,\ 500\ mm\right]$ + 搭接长度 l_{lE}。

3）中间层柱纵筋长度 = 中间层层高 – 当前层非连接区 +（当前层 +1）非连接区 + 搭接长度 l_{lE}，非连接区 = $\max\left(H_n/6,\ 500\ mm,\ h_c\right)$。

4）顶层柱纵筋的计算。

外侧钢筋长度 = 顶层层高 –$\max\left[\text{本层楼层净高 } H_n/6,\ 500\ mm,\ \text{柱截面长边尺寸（圆柱直径）}\right]$ – 梁高 +1.5l_{aE}。

内侧纵筋长度 = 顶层层高 –$\max\left[\text{本层楼层净高 } H_n/6,\ 500\ mm,\ \text{柱截面长边尺寸（圆柱直径）}\right]$ – 梁高 + 锚固。

5）锚固长度取值。

当柱纵筋伸入梁内的直段长小于 l_{aE} 时，则使用弯锚形式，柱纵筋伸至柱顶后弯折 12d；锚固长度 = 梁高 – 保护层 +12d。

当柱纵筋伸入梁内的直段长不小于 l_{aE} 时，则为直锚。柱纵筋伸至柱顶后截断。

另外，中柱顶层节点纵筋长度 = 顶层层高 – 顶层非连接区 – 梁高 +（梁高 – 保护层 + 12d），非连接区 =$\max\left(H_n/6,\ 500\ m,\ h_c\right)$。

（2）柱箍筋的计算。

1）基础箍筋根数 =（基础高度 – 基础保护层 –100）/ 间距 –1。

2）地下一层箍筋根数，按绑扎计算箍筋根数。

3）首层箍筋根数，按焊接计算箍筋根数。

根部根数 =（加密区长度 –50）/ 加密间距 +1

梁下根数 = 加密区长度 / 加密间距 +1

梁高范围根数 = 梁高 / 加密间距

非加密区根数 = 非加密区长度 / 非加密间距 –1

4）中间层箍筋根数，按焊接计算箍筋根数。

根部根数 =（加密区长度 –50）/ 加密间距 +1

梁下根数 = 加密区长度 / 加密间距 +1

梁高范围根数 = 梁高 / 加密间距

非加密区根数 = 非加密区长度 / 非加密间距 –1

5）箍筋长度 =（$b+h$）× 2– 保护层 × 8+1.9d × 2+max（10d，75mm）× 2。

三、绑扎缩小版柱钢筋

1. 各小组领取材料与工具，填写柱钢筋绑扎材料与工具表（表 3-3-6）。

表 3-3-6　柱钢筋绑扎材料与工具表

序号	名称	型号规格	领用数量
1			
2			
3			
4			
5			
6			

2. 在实际绑扎前，小组内讨论叙述柱中各个种类钢筋的名称并解释其在柱中的作用。

3. 小组内叙述绑扎柱钢筋的步骤。

4. 各小组通过观看柱钢筋绑扎的施工动画或施工视频材料以及审定合格的柱钢筋绑扎步骤，实际绑扎教师指定柱的缩小版柱钢筋，并用标签纸标注好钢筋编号、级别、直径等钢筋信息。

5. 检查施工过程中是否满足工地安全生产制度（6S 管理制度），现场施工环境控制是否满足要求，并填写表 3-3-7。

表 3-3-7　现场整理要求检查表

整理现场要点	满足要求	结论
整理（seiri）	是否进行在场物品的分留	
整顿（seiton）	留下来的物品是否依规定位置摆放，并放置整齐、加以标识	
清扫（seiso）	是否将工作场所内清扫干净	
清洁（seiketsu）	是否将整理、整顿清扫进行到底，并且制度化，经常保持环境处在美观的状态	
素养（shitsuke）	每位成员是否养成良好的习惯，并遵守规则做事	
安全（security）	是否重视成员安全教育，每时每刻都有安全第一的观念	

根据表 3-3-7 回答下列问题。

（1）结合施工现场要求，分析做到这几点的目的。

（2）钢筋绑扎完成后，对于绑扎工具应如何处理？应做到哪几点？

工学活动四　交底过程控制

一、检查柱交底记录表

以学习小组为单位，检查各小组的交底记录表，将检查结果记录在表 3-4-1 中，并进行展示。

表 3-4-1　柱交底记录表

交底内容	交底记录	存在问题	分析原因	整改结果

二、检查柱大样图

以学习小组为单位，进行小组自检和小组互检，检查绘制的指定柱大样图，将检查结果记录在表 3-4-2 和表 3-4-3 中，并进行展示。

表 3-4-2　柱大样图自检表

组别：	
检查内容	存在的问题（如尺寸标注、钢筋编号、钢筋位置、钢筋根数、箍筋弯钩、负筋弯钩等）
角筋	
b 边一侧中部筋	
h 边一侧中部筋	
箍筋	

表 3-4-3　柱大样图互检表

组别：	
检查内容	存在的问题（如尺寸标注、钢筋编号、钢筋位置、钢筋根数、箍筋弯钩、负筋弯钩等）
角筋	
b 边一侧中部筋	
h 边一侧中部筋	
箍筋	

三、检查缩小版柱钢筋

以小组为单位，进行学生自检和小组互检，检查绑扎的缩小版的指定柱的钢筋，将检查结果记录在表 3-4-4 和表 3-4-5 中，并进行展示。

表 3-4-4　缩小版柱钢筋自检表

组别：	
检查内容	存在的问题（如标签内容、钢筋位置、钢筋根数等）
角筋	
b 边一侧中部筋	
h 边一侧中部筋	
箍筋	

表 3-4-5　缩小版柱钢筋互检表

组别：	
检查内容	存在的问题（如标签内容、钢筋位置、钢筋根数等）
角筋	
b 边一侧中部筋	
h 边一侧中部筋	
箍筋	

四、分析误差

将通过学生自检和小组互检得出的柱的大样图和绑扎缩小版柱钢筋中存在的问题，以学习小组为单位（头脑风暴法）进行讨论分析，将分析结果记录在表 3-4-6 和表 3-4-7 中，并进行展示。

表 3-4-6　柱大样图存在的问题

小组：				
序号	存在的问题	分析原因	责任人	整改情况
1				
2				
3				
4				

表 3-4-7　绑扎缩小版柱钢筋存在的问题

小组：				
序号	存在的问题	分析原因	责任人	整改情况
1				
2				
3				
4				

五、交底答疑

各小组对本组绘制的大样图和绑扎缩小版柱钢筋中存在的问题和产生的原因进行归纳总结，然后汇报，其他小组对汇报情况进行提问和总结，对答疑过程进行评定（表3-4-8）。

表3-4-8　答疑评定表

被评价组：	评价人：	
问题	答疑记录	评分（0～10分）
教师评议：		

总分：

各小组交底答疑结束后，教师对各小组交底答疑情况进行总结，对疑惑之处进行解答，然后对各组进行点评。

工学活动五　工作总结与评价

一、反馈交底效果

施工员根据交底记录向项目部反馈交底效果，并形成记录（表3-5-1）。

表3-5-1　交底反馈表

交底内容	交底效果

二、展示与评价

（一）学生自评及小组互评（表3-5-2）

将制作好的柱钢筋构件模型进行分组展示，再由小组选派代表进行介绍。在此过程中，以小组为单位，对成品进行学生自评与小组互评。

表3-5-2　学生自评及小组互评表

班级：	姓名：	学号：	日期：						
序号	评价项目	评价标准（A、B、C、D）	学生自评结果				小组互评结果			
			A	B	C	D	A	B	C	D
1	预习准备情况	完成□　大部分完成□ 大部分未做□　没做□								
2	资料收集水平	好□　较好□　一般□　差□								
3	与老师同学沟通情况	好□　较好□　一般□ 存在较大的问题□								
4	与同学协作情况	好□　较好□　一般□ 存在较大的问题□								
5	做事主动性	好□　较好□　一般□　差□								
6	做事态度	好□　较好□　一般□　差□								
7	技术方法运用情况	好□　较好□　一般□ 存在较大的问题□								
8	任务是否完成	较快完成□　　完成□ 大部分完成□　大部分未完成□								
9	7S执行情况	好□　较好□　一般□ 存在较大的问题□								
10	创新情况	好□　较好□　一般□　无□								
等级		A（7个以上A，无D） B（6个以上A） C（4个以上A，无D） D（3个以内D）	学生自评				小组互评			

（二）评价总结

评价完成后，根据其他组成员对本组展示成果的反馈建议进行归纳总结。

（三）教师评价（表3-5-3）

1. 点评各小组任务完成情况。

2. 对任务完成过程中各组的典型性问题做出点评，并提出改进建议。

3. 对任务完成过程中出现的亮点做出点评。

表3-5-3 教师评价表

序号	评价项目	评价标准	分值	评价结果			
				很好	好	一般	差
				9~10	7~8	5~6	0~4
1	职业素养	劳动保护用品穿戴完备，仪容仪表符合工作要求；安全意识、责任意识、服从意识强					
2		积极参加教学活动，按时完成各项学习任务					
3		团队合作意识强，善于与人交流和沟通					
4		自觉遵守劳动纪律，尊敬师长，团结同学					
5		爱护公物，节约材料，管理现场符合6S标准					
6	专业能力	交底工作单填写正确					
7		柱结构施工图内容要素一览表填写完整					
8		柱结构施工图交底工作方案具有可行性					
9	工作成果	根据丈量数据与图纸原始数据比对情况，分析误差原因，提出改进建议					
10		工作总结符合要求，交底图记录填写质量高					
等级		75~89 好	60~74 一般	59以下 差	综合得分		
整体效果							
主要不足							
改进建议							

学习任务四　梁结构施工图交底

工学活动一　获取梁结构施工图交底信息

一、领取任务

领取 3.570～14.370 标高的梁平法施工图（图 4-1-1）图纸、梁结构施工图交底记录表，明确任务要求，确定关键词，划出交底重点、难点。通过查阅书籍或者其他资料，完成以下任务。

1. 什么是梁的平面注写方式？
2. 以小组为单位讨论梁结构施工图交底包括的内容。

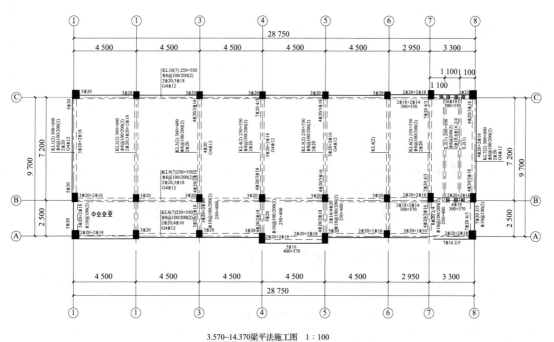

3.570~14.370梁平法施工图　1∶100

图 4-1-1　3.570～14.370 标高的梁平法施工图

二、初读梁结构施工图

施工员领取梁结构施工图，复述任务要求。

每组成员先独立阅读 3.570～14.370 标高的梁平法施工图，然后罗列梁平法施工图中所包含的内容，并根据教师的点评和引导对信息进行完善，形成书面学习纪要（表 4-1-1）。

表 4-1-1　梁结构施工图交底记录表

楼栋号		楼层号	
梁编号		日期	
纪要内容：			
施工员		小组长		成员	

工学活动二　制订梁结构施工图交底计划

一、钢筋混凝土梁平法施工图识读的顺序

结合本工程结构施工图，查阅相关资料，并将表 4-2-1 中的"识图步骤"进行排序。

表 4-2-1　梁平法施工图识图步骤排序表

序号	识图步骤
1	结构层楼面标高、结构层高与层号
2	图号、图名和比例
3	必要的设计详图和说明
4	定位轴线及其编号、间距尺寸
5	梁平法标注：梁编号、尺寸、配筋和梁面标高高差
正确顺序：	

二、获取梁内外信息的一般顺序

识读 3.570~14.370 标高的梁平法施工图，以小组为单位叙述教师指定的某编号的梁的内外具体信息。

1. 在下列"获取梁内外信息的一般顺序"选项中选出正确答案。

①先集中标注，后原位标注。

②先原位标注，后集中标注。

正确选项：＿＿＿＿＿＿＿＿＿＿＿＿＿＿＿＿＿＿＿＿＿＿

2. 叙述指定梁内外具体信息。

三、获取梁集中标注内容

独立查阅 22G101-1 中的梁平法施工图制图规则，根据所学内容写出教师指定的框架梁（非框架梁）的集中标注的内容（五项必注值及一项选注值）（表 4-2-2）。

表 4-2-2　梁集中标注信息表

序号	集中标注内容	框架梁（非框架梁）＿＿＿＿＿的集中标注信息
1	梁编号	
2	梁截面尺寸	
3	箍筋	
4	梁上下通长筋和架立筋	
5	梁侧面钢筋	
6	梁顶面标高高差	

四、获取梁原位标注内容

独立查阅 22G101-1 中的梁平法施工图制图规则，写出教师指定的框架梁（非框架梁）的原位标注的内容（表 4-2-3）。

表 4-2-3　梁原位标注信息表

序号	原位标注内容	框架梁（非框架梁）＿＿＿＿＿的原位标注信息
1	梁支座上部纵筋	
2	梁支座下部纵筋	
3	吊筋	
4	附加箍筋	

五、确定梁结构施工图交底工作方案

学生通过学习梁结构施工图，获取重要信息，依据交底流程及交底内容，结合学习情况及动手能力，自主分配任务，形成梁交底方案（表 4-2-4）。

表 4-2-4　梁结构施工图交底方案记录表

交底任务名称		交底日期	
记录人		班级	
小组成员			
项目名称		方案步骤	
获取梁信息的步骤			
梁结构施工图交底信息表的制作及完善			

拓展训练

一、制订梁大样图绘制步骤

1. 查阅资料或者检索《建筑结构制图标准》（GB/T 50105—2010），列出梁纵、横截面图中钢筋表示方法和画法。

2. 将下列绘制梁大样图（含钢筋抽样图）的步骤进行正确的排序。

（1）按照比例绘出梁的横截面轮廓。

（2）标准横截面尺寸。

（3）写出截面序号。

（4）绘制横截面图中的箍筋并标注。

（5）绘制横截面图中的下部钢筋并标注。

（6）绘制横截面图中的上部钢筋并标注。

（7）绘制横截面图中的构造筋或抗扭筋并标注。

正确选项：_____

（8）绘制梁的纵截面图中的下部钢筋并标注钢筋编号。

（9）绘制梁的纵截面图中的上部钢筋并标注钢筋编号。

（10）按比例绘制梁的纵截面的轮廓。

（11）对应梁的纵截面图，绘制钢筋抽样图中的上部钢筋并标注钢筋编号。

（12）绘制梁的纵截面图中的箍筋并标注钢筋编号。

（13）对应梁的纵截面图，绘制钢筋抽样图中的弯起钢筋（吊筋、鸭筋）或构造筋或抗扭筋，并标注钢筋编号。

（14）对应梁的纵断面图，绘制钢筋抽样图中的下部钢筋并标注钢筋编号。

正确选项：＿＿＿＿＿＿＿＿＿＿＿＿＿＿＿＿＿＿＿＿＿＿＿＿＿＿

二、绑扎缩小版梁钢筋的步骤

阅读下列"绑扎缩小版梁钢筋的步骤"选项及其顺序，检查是否有误。如有误，请改正。

（1）领取材料工具。

（2）按图纸要求先铺梁的下层主筋。

（3）铺上层钢筋。

（4）主筋上画箍筋线。

（5）摆放箍筋。

（6）绑扎上层钢筋。

（7）放下上层主筋。

（8）绑扎下层主筋。

（9）把梁钢筋放到模板上。

（10）三面安装垫块。

工学活动三　审核并实施梁结构施工图交底计划

一、审核梁结构施工图交底计划

1.学生以小组为单位对本组拟订好的工作方案和交底计划进行理由陈述，其他各小组给出合理建议，教师对各小组的工作方案和交底计划进行点评并给出修改意见（表4-3-1）。

表 4-3-1　梁结构施工图交底计划审核表

班级		小组		组长	
讲解		记录员			
组员					
序号	计划内容	是否合理	小组修改意见	教师修改意见	备注
1	获取梁信息的步骤				
2	梁施工图交底信息表				
3	梁交底方案				

2. 各小组根据教师及同学意见进行小组讨论并修改计划，制订一份工作任务现场看板。

二、实施梁结构施工图交底

分小组进行梁施工图交底。模拟施工现场，小组内采用角色扮演的形式（一方为施工员，另一方为钢筋班组）完成下列工作。

1. 本次交底的为 3.570～14.370 标高的梁平法施工图，各小组分别以教师指定的该层平面图中某梁为交底对象，由项目施工员根据已完善的交底方案及梁平法施工图，向钢筋班组逐一交底陈述该梁平法施工图中所表达的内容。

2. 交底完成后，由小组内钢筋班组成员整理交底内容，形成梁结构施工图交底施工员记录表（表 4-3-2）。

3. 施工员检查钢筋班组记录表是否准确完整，检查合格后双方签字。

表 4-3-2　梁结构施工图交底施工员记录表

交底任务名称			交底日期		
记录人			班级		
小组					
交底内容：框架梁（非框架梁、悬挑梁……）_____信息表					
集中标注	梁编号				
	梁截面尺寸				
	箍筋：钢筋级别、直径、加密区及非加密区间距、肢数				
	梁上部通长筋				
	梁下部通长筋				
	架立筋				
	梁侧面纵筋				
	梁顶面标高高差				
原位标注	梁支座上部纵筋				
	梁支座下部纵筋				
	吊筋、附加箍筋				
审核人		交底人		被交底人	

拓展训练

一、学习准备

学生以小组为单位对本组拟订好的梁大样图绘制步骤和绑扎缩小版梁钢筋的步骤进行理由陈述，其他各小组给出合理建议，教师对各小组的工作方案和交底计划进行点评并给出修改意见（表4-3-3）。

表4-3-3　梁大样图绘制步骤和绑扎缩小版梁钢筋的步骤审核表

班级		小组		组长	
讲解		记录员			
组员					
序号	计划内容	是否合理	小组修改意见	教师修改意见	备注
1	绘制梁大样图（含钢筋抽样图）的步骤				
2	绑扎缩小版钢筋梁的步骤				

二、绘制梁大样图

1.各小组填写绘制梁大样图所需绘图板、丁字尺、三角板、直尺、比例尺、绘图笔等绘图工具清单（表4-3-4），并领取工具。

表4-3-4　绘图工具清单

序号	名称	型号规格	领用数量
1			
2			
3			
4			
5			
6			

2.各小组根据梁结构施工图交底施工员记录表、梁平法施工图及梁钢筋三维图（图4-3-1），绘制教师指定梁的大样图（含钢筋抽样图），包括立面图、钢筋详图和截面图三个部分。

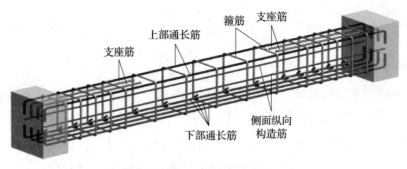

支座筋　　上部通长筋　　箍筋　　支座筋

侧面纵向
构造筋

下部通长筋

图4-3-1　梁钢筋三维图

（1）绘制立面图：需清楚表达梁的长度、立面形状和钢筋位置。

（2）绘制钢筋详图：需按自上而下的顺序用同一比例把钢筋画在梁立面图的下方，钢筋比较简单时可以不画钢筋详图。

（3）绘制截面图：一般需表达三个位置的配筋即两个梁端截面和一个跨中截面，每个截面表达梁的上部纵筋、下部纵筋、中部纵筋（腰筋或抗扭筋）、箍筋，钢筋使用阿拉伯数字编号，相同的钢筋编一个号。

3.各小组完成教师指定梁的钢筋表（表4-3-5）的编制。填写表中梁内钢筋编号、简图、直径、长度、根数、总长度、质量等数据，为实际绑扎做好准备。

表4-3-5　钢筋表

钢筋编号	钢筋简图	直径 /mm	长度 /mm	根数	总长度 /m	质量 /kg

小提示： 在学会识读梁平法施工图的基础上，在实际工程中最为基本的应用就是对梁中钢筋工程量的计算。（钢筋混凝土梁的标准构造详图可查阅《22G101-1》）

（1）上部钢筋的计算。

1）上部钢筋长度 = 净跨长 + 左支座锚固 + 右支座锚固。

左、右支座锚固长度的取值判断：

当 h_c – 保护层（直锚长度）$\geq l_{aE}$ 时，取 $\max(l_{aE}, 0.5h_c + 5d)$；

当 h_c – 保护层（直锚长度）$< l_{aE}$ 时，必须弯锚，取 h_c – 保护层 + 15d。

2）支座负筋的计算。

①端支座负筋的计算。

$$第一排长度 = 左或右支座锚固 + 净跨长 /3$$
$$第二排长度 = 左或右支座锚固 + 净跨长 /4$$

②中间支座负筋的计算。

$$上排长度 = 2 \times \max（第一跨，第二跨）净跨长 /3 + 支座宽$$
$$下排长度 = 2 \times \max（第一跨，第二跨）净跨长 /4 + 支座宽$$

3）架立筋的计算。

架立筋与支座负筋的搭接长度为 150 mm。

（2）侧面纵向钢筋的计算。

1）侧面纵向构造筋的计算。

$$侧面纵向构造筋长度 = 净跨长 + 2 \times 15d$$

2）侧面纵向抗扭筋的计算。

$$侧面纵向抗扭筋长度 = 净跨长 + 2 \times 锚固长度（同框架梁下部纵筋）$$

3）拉筋计算。

拉筋直径取值：梁宽不大于 350 mm 时，取 6 mm；梁宽大于 350 mm 时，取 8 mm。

$$拉筋长度 = 梁宽 – 2 \times c + 2 \times 1.9d + 2 \times \max（10d, 75）+ 2d$$
$$拉筋根数 = \lceil（净跨长 – 50 \times 2）/ 非加密间距 \times 2 + 1\rceil \times 排数$$

（3）下部钢筋的计算。

$$下部通长筋长度 = 净跨长 + 左支座锚固 + 右支座锚固（左、右支座锚固同上）$$
$$下部不伸入支座钢筋长度 = 净跨长 – 0.1 \times 2 \times 净跨长$$

（4）吊筋的计算。

吊筋夹角取值：梁高不大于 800 mm 时，取 45°；梁高大于 800 mm 时，取 60°。

$$吊筋长度 = 次梁宽 + 2 \times 50 + 2 \times（梁高 – 2 \times 保护层）/\sin 45°（60°）+ 2 \times 20d$$

（5）箍筋的计算。

1）长度的计算。

长度 =（梁宽 b – 保护层 $\times 2 + 2d$）$\times 2 +$（梁高 h – 保护层 $\times 2 + 2d$）$\times 2 + 2 \times 1.9d + \max(10d, 75) \times 2$

2）根数的计算。

根数 = $\lceil$（左加密区长度 – 50）/ 加密间距 + 1$\rceil$ +（非加密区长度 / 非加密间距 – 1）+ $\lceil$（右加密区长度 – 50）/ 加密间距 + 1$\rceil$

（6）非框架梁端支座锚固长度的计算。

上部钢筋伸至对边弯折 $15d$。

下部钢筋锚固取 $12d$（l_a 用于弧形梁）。

（7）非框架梁端支座负筋长度的计算。

$$端支座负筋长度 = 左支座锚固 + 净跨长 /5$$

三、绑扎缩小版梁钢筋

1. 各小组领取材料与工具，填写梁钢筋绑扎材料与工具表（表4-3-6）。

表 4-3-6　梁钢筋绑扎材料与工具表

序号	名称	型号规格	领用数量
1			
2			
3			
4			
5			
6			

2. 在实际绑扎前，小组内讨论叙述梁中各种钢筋的名称并解释其在梁中的作用。

3. 小组内叙述绑扎梁钢筋的步骤。

4. 各小组通过观看梁钢筋绑扎的施工动画或施工视频材料以及审定合格的梁钢筋绑扎步骤，实际绑扎教师指定梁的缩小版梁钢筋，并用标签纸标注好钢筋编号、级别、直径等钢筋信息。

5. 检查施工过程中是否满足工地安全生产制度（6S 管理制度），现场施工环境控制是否满足要求，并填写表4-3-7。

表 4-3-7　现场整理要求检查表

整理现场要点	满足要求	结论
整理（seiri）	是否进行在场物品的分留	
整顿（seiton）	留下来的物品是否依规定位置摆放，并放置整齐、加以标识	
清扫（seiso）	是否将工作场所内清扫干净	
清洁（seiketsu）	是否将整理、整顿清扫进行到底，并且制度化，经常保持环境处在美观的状态	
素养（shitsuke）	每位成员是否养成良好的习惯，并遵守规则做事	
安全（security）	是否重视成员安全教育，每时每刻都有安全第一的观念	

工学活动四　交底过程控制

一、检查梁交底记录表

以小组为单位，检查各小组的交底记录表，将检查结果记录在表 4-4-1 中，并进行展示。

表 4-4-1　梁交底记录检查表

交底内容	交底记录	存在问题	分析原因	整改结果

二、检查梁大样图

以小组为单位，进行学生自检和小组互检，检查绘制的指定梁的大样图，将检查结果记录在表 4-4-2 和表 4-4-3 中，并进行展示。

表 4-4-2　梁大样图自检表

组别：	
检查内容	存在的问题（如尺寸标注、钢筋编号、钢筋位置、钢筋根数、箍筋弯钩、负筋弯钩等）
通长筋	
支座筋	
箍筋	
构造筋	

表 4-4-3　梁大样图互检表

组别：	
检查内容	存在的问题（如尺寸标注、钢筋编号、钢筋位置、钢筋根数、箍筋弯钩、负筋弯钩等）
通长筋	
支座筋	
箍筋	
构造筋	

三、检查缩小版梁钢筋

以小组为单位，进行学生自检和小组互检，检查绑扎的缩小版的指定梁的钢筋，将检查结果记录在表 4-4-4 和表 4-4-5 中，并进行展示。

表 4-4-4　缩小版梁钢筋自检表

组别：	
检查内容	存在的问题（如标签内容、钢筋位置、钢筋根数等）
通长筋	
支座筋	
箍筋	
构造筋	

表 4-4-5　缩小版梁钢筋互检表

组别：	
检查内容	存在的问题（如标签内容、钢筋位置、钢筋根数等）
通长筋	
支座筋	
箍筋	
构造筋	

四、分析误差

将通过学生自检和小组互检得出的梁的大样图和绑扎的缩小版梁钢筋中存在的问题，以小组为单位（头脑风暴法）进行讨论分析，将分析结果记录在表 4-4-6 和表 4-4-7 中，并进行展示。

表 4-4-6　梁的大样图存在的问题

小组：				
序号	存在的问题	分析原因	责任人	整改情况
1				
2				
3				
4				

表 4-4-7　绑扎缩小版梁钢筋存在的问题

小组：				
序号	存在的问题	分析原因	责任人	整改情况
1				
2				
3				
4				

五、交底答疑

各学习小组对本组绘制的大样图和绑扎缩小版梁钢筋中存在的问题和产生的原因进行归纳总结，然后汇报，其他小组对汇报情况进行提问和总结，对答疑过程进行评定（表4-4-8）。

表4-4-8 答疑过程评定表

被评价组：	评价人：	
问题	答疑记录	评分（0～10分）
教师评议：		

总分：

各小组交底答疑结束后，教师对各小组交底答疑情况进行总结，对疑惑之处进行解答，然后对各组进行点评。

工学活动五　工作总结与评价

一、反馈交底效果

施工员根据交底记录向项目部反馈交底效果，并形成记录（表4-5-1）。

表4-5-1 交底反馈表

交底内容	交底效果

二、展示与评价

（一）学生自评及小组互评（表4-5-2）

将制作好的梁钢筋构件模型进行分组展示，再由小组选派代表进行介绍。在此过程中，以小组为单位，对成品进行学生自评与小组互评。

表4-5-2　学生自评及小组互评表

| 班级： | | 姓名： | 学号： | 日期： | | | | | | | |

序号	评价项目	评价标准（A、B、C、D）	学生自评结果				小组互评结果			
			A	B	C	D	A	B	C	D
1	预习准备情况	完成□　大部分完成□ 大部分未做□　没做□								
2	资料收集水平	好□　较好□　一般□　差□								
3	与老师同学沟通情况	好□　较好□　一般□ 存在较大的问题□								
4	与同学协作情况	好□　较好□　一般□ 存在较大的问题□								
5	做事主动性	好□　较好□　一般□　差□								
6	做事态度	好□　较好□　一般□　差□								
7	技术方法运用情况	好□　较好□　一般□ 存在较大的问题□								
8	任务是否完成	较快完成□　　完成□ 大部分完成□　大部分未完成□								
9	7S执行情况	好□　较好□　一般□ 存在较大的问题□								
10	创新情况	好□　较好□　一般□　无□								
	等级	A（7个以上A，无D） B（6个以上A） C（4个以上A，无D） D（3个以内D）	学生 自评				小组 互评			

（二）评价总结

评价完成后，根据其他组成员对本组展示成果的反馈建议进行归纳总结。

（三）教师评价（表4-5-3）

1. 点评各小组任务完成情况。
2. 对任务完成过程中各组的典型性问题做出点评，并提出改进建议。
3. 对任务完成过程中出现的亮点做出点评。

表4-5-3 教师评价表

序号	评价项目	评价标准	分值	评价结果			
				很好	好	一般	差
				9~10	7~8	5~6	0~4
1	职业素养	劳动保护用品穿戴完备，仪容仪表符合工作要求；安全意识、责任意识、服从意识强					
2		积极参加教学活动，按时完成各项学习任务					
3		团队合作意识强，善于与人交流和沟通					
4		自觉遵守劳动纪律，尊敬师长，团结同学					
5		爱护公物，节约材料，管理现场符合6S标准					
6	专业能力	交底工作单填写正确					
7		梁结构施工图内容要素一览表填写完整					
8		梁结构施工图交底工作方案具有可行性					
9	工作成果	根据丈量数据与图纸原始数据比对情况，分析误差原因，提出改进建议					
10		工作总结符合要求，交底图记录填写质量高					
等级	75~89 好	60~74 一般	59以下 差	综合得分			
整体效果							
主要不足							
改进建议							

学习任务五　板结构施工图交底

工学活动一　获取板结构施工图交底信息

一、领取任务

领取 3.600～10.800 标高的板平法施工图（图 5-1-1）图纸、《板结构施工图交底工作单》，明确任务要求，确定关键词，划出交底重点、难点。通过查阅书籍或者其他资料，完成以下任务。

1. 什么是板的平面注写方式和集中注写方式？

2. 以小组为单位讨论板结构施工图交底包括的内容。

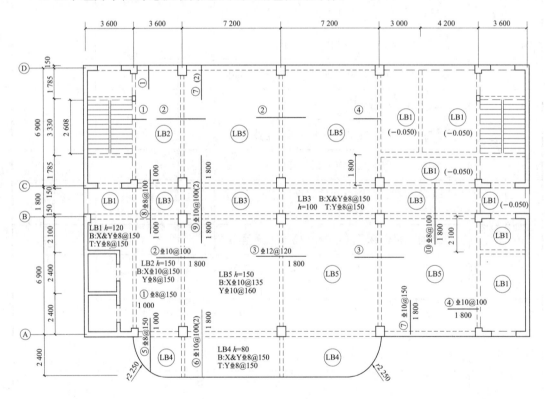

3.600~10.800板平法施工图　注：可在结构层楼面标高、结构层高表中加设混凝土强度等级栏目。

图 5-1-1　3.600～10.800 标高的板平法施工图

二、初读板结构施工图

1. 施工员领取板结构施工图，复述任务要求。

每组成员先独立阅读 3.600～10.800 标高的板平法施工图，然后罗列板平法施工图中所包含的内容，并根据教师的点评和引导对信息进行完善，形成书面学习纪要（表5-1-1）。

表 5-1-1　板结构施工图交底记录表

楼栋号		楼层号	
板编号		日期	
纪要内容：			
施工员		小组长		成员	

2. 依据任务要求，制订合理的工作进度计划，工作进度安排及分工表如表 5-1-2 所示。

表 5-1-2　工作进度安排及分工表

序号	工作内容	时间	成员	负责人

工学活动二 制订板结构施工图交底计划

一、钢筋混凝土板平法施工图识读的顺序

结合本工程结构施工图，查阅相关资料，并将表 5-2-1 中的"识图步骤"进行排序。

表 5-2-1 板平法施工图识图步骤排序表

序号	识图步骤
1	结构层楼面标高、结构层高与层号
2	图号、图名和比例
3	必要的设计详图和说明
4	定位轴线及其编号、间距尺寸
5	板平法标注：板编号、尺寸、配筋和板面标高高差
正确顺序：	

二、获取板内外信息的一般顺序

结合本工程结构施工图，在指定楼层板结构施工图中，叙述指定的某编号的板的内外具体信息。

1. 在下列"获取板内外信息的一般顺序"选项中选出正确答案。

①先集中标注，后原位标注。

②先原位标注，后集中标注。

正确选项：_____

2. 叙述指定板的内外具体信息。

三、获取板集中标注内容

独立查阅《22G101-1》中的板平法施工图制图规则，根据所学内容写出教师指定的板集中标注的内容（表 5-2-2）并回答以下问题。

表 5-2-2 板集中标注信息表

序号	集中标注内容	板_____的集中标注信息
1	板编号	
2	板厚度	
3	板标高	
4	板构造筋	
5	板分布筋	

（1）平法施工图中，板的种类有哪些？代号分别是什么？

（2）板厚度及降板是如何表示的？

（3）板集中标注中，板贯通钢筋表示什么意思？

四、获取板支座原位标注内容

独立查阅《22G101-1》中的板平法施工图制图规则，写出教师制订的板的原位标注的内容（表5-2-3）。

表5-2-3　板支座原位标注信息表

序号	原位标注内容	板_____的原位标注信息
1	支座筋编号	
2	支座筋伸出长度	
3	支座非贯通钢筋	

（1）板支座上部非贯通钢筋对称伸出如何表示？

（2）板支座上部非贯通钢筋非对称伸出如何表示？

五、确定板结构施工图交底工作方案

学生通过学习板结构施工图，获取重要信息，依据交底流程及交底内容，结合学习情况及动手能力，自主分配任务，形成板交底方案（表5-2-4）。

表5-2-4　板结构施工图交底方案记录表

交底任务名称		交底日期	
记录人		班级	
小组成员			
项目名称	方案步骤		
获取板信息的步骤			
板结构施工图交底信息表的制作及完善			

拓展训练

一、有梁楼盖板配筋详图（图5-2-1）

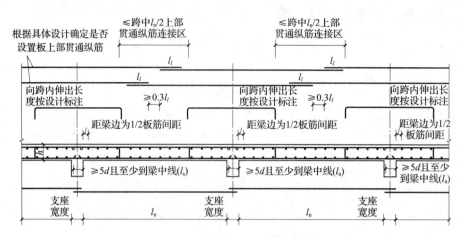

图 5-2-1　有梁楼盖板配筋详图

（1）叙述板支座负筋的位置及作用。

（2）叙述板面筋的位置及作用。

（3）叙述板底筋的位置及作用。

（4）叙述板跨板受力筋的位置及作用。

（5）叙述板温度筋的位置及作用。

二、制订板大样图绘制步骤

1. 查阅资料或者检索《建筑结构制图标准》（GB/T 50105—2010），列出板纵、横截面图中钢筋的表示方法和画法。

2. 将下列绘制板大样图（含钢筋抽样图）的步骤进行正确的排序。

（1）按照比例绘出板的横截面轮廓。

（2）标准横截面尺寸。

（3）写出横截面序号。

（4）绘制横截面图中的构造筋并标注。

（5）绘制横截面图中的分布筋并标注。

（6）绘制横截面图中的支座筋并标注。

正确选项：＿＿＿＿＿＿＿＿＿＿＿＿＿＿＿＿＿＿＿＿＿＿＿＿＿＿＿＿＿＿

（7）绘制板的纵截面中的底部钢筋并标注钢筋编号。

（8）绘制板的纵截面图中的上部钢筋并标注钢筋编号。

（9）按比例绘出板的纵截面的轮廓。

（10）对应板的纵截面图，绘制钢筋抽样图中的上部钢筋并标注钢筋编号。

（11）对应板的纵截面图，绘制钢筋抽样图中的措施钢筋（马凳筋）或抗扭筋并标注钢筋编号。

（12）对应板的纵截面图，绘制钢筋抽样图中的下部钢筋并标注钢筋编号。

正确选项：_____

工学活动三　审核并实施板结构施工图交底计划

一、审核板结构施工图交底计划

1.学生以小组为单位对本组拟订好的工作方案和交底计划进行理由陈述，其他各小组给出合理建议，教师对各小组的工作方案和交底计划进行点评并给出修改意见（表5-3-1）。

表 5-3-1　板结构施工图交底计划审核表

班级		小组		组长	
讲解		记录员			
组员					
序号	计划内容	是否合理	小组修改意见	教师修改意见	备注
1	获取板信息的步骤				
2	板施工图交底信息表				
3	板交底方案				

2.各小组根据教师及同学意见进行小组讨论并修改计划，制定一份工作任务现场看板。

二、实施板结构施工图交底

分小组进行板结构施工图交底。模拟施工现场，小组内采用角色扮演的形式（一方为施工员，另一方为钢筋班组）完成下列工作。

1.本次交底的为3.600～10.800标高的板平法施工图，各小组分别以教师指定的该层平面图中某块板为交底对象，由项目施工员根据前期已完善的交底方案及板平法施工图，向钢筋班组逐一交底陈述该板平法施工图中所表达的内容。

2.交底完成后，由小组内钢筋班组成员整理交底内容，形成板结构施工图交底施工员记录表（表5-3-2）。

3.施工员检查钢筋班组记录表是否准确完整，检查合格后双方签字。

表5-3-2 板结构施工图交底施工员记录表

交底任务名称			交底日期	
记录人			班级	
小组				
交底内容：某混凝土板（楼面板、悬挑板……）_____信息表				
集中标注	板编号			
	板厚			
	贯通钢筋			
	板面高差			
原位标注	板支座上部非贯通钢筋			
	悬挑板上部受力筋			
审核人		交底人		被交底人	

拓展训练

一、学习准备

学生以小组为单位对本组拟定好的板大样图绘制步骤进行理由陈述，其他各小组给出合理建议，教师对各小组的工作方案和交底计划进行点评并给出修改意见（表5-3-3）。

表5-3-3 板大样图绘制步骤审核表

班级		小组		组长	
讲解		记录员			
组员					
序号	计划内容	是否合理	小组修改意见	教师修改意见	备注
1	绘制板大样图（含钢筋抽样图）的步骤				
2	板交底方案				

二、绘制板大样图

1.各小组填写绘制梁大样图所需绘图板、丁字尺、三角板、直尺、比例尺、绘图笔等绘图工具清单（表5-3-4），并领取工具。

表 5-3-4　绘图工具清单

序号	名称	型号规格	领用数量
1			
2			
3			
4			
5			
6			

2.各小组根据板结构施工图交底施工员记录表、板平法施工图及板钢筋三维图（图5-3-1），绘制教师指定板的大样图（含钢筋抽样图），包括立面图、钢筋详图和断面图三个部分。

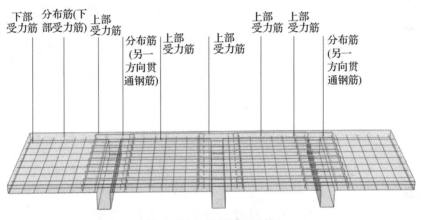

图 5-3-1　板钢筋三维图

（1）绘制立面图：需清楚表达板的长度、立面形状和钢筋位置。

（2）绘制钢筋详图：需按自上而下的顺序用同一比例把钢筋画在板立面图的下方，钢筋比较简单时可以不画钢筋详图。

（3）绘制断面图：一般需表达三个位置的配筋即两个梁端截面（1–1、3–3）和一个跨中截面（2–2），每个截面表达板面筋、板底筋、支座负筋，钢筋使用阿拉伯数字编号，相同的钢筋编一个号。

工学活动四　交底过程控制

一、检查板交底记录表

以学习小组为单位，检查各小组的交底记录表，将检查结果记录在表5-4-1中，并进行展示。

表5-4-1　板交底记录检查表

交底内容	交底记录	存在问题	分析原因	整改结果

二、检查板大样图

以小组为单位，进行学生自检和小组互检，检查绘制的指定板的大样图，将检查结果记录在表5-4-2和表5-4-3中，并进行展示。

表5-4-2　板大样图自检表

组别：	
检查内容	存在的问题（如尺寸标注、钢筋编号、钢筋位置、钢筋根数、负筋弯钩等）
底筋	
面筋	
支座负筋	
措施钢筋	

表5-4-3　板大样图互检表

组别：	
检查内容	存在的问题（如尺寸标注、钢筋编号、钢筋位置、钢筋根数、负筋弯钩等）
底筋	
面筋	
支座负筋	
措施钢筋	

三、分析误差

将通过学生自检和互检得出的板的大样图中存在的问题，以学习小组为单位（头脑风暴法）进行讨论分析，将分析结果记录在表5-4-4中，并进行展示。

表5-4-4　板的大样图存在的问题

小组：				
序号	存在的问题	分析原因	责任人	整改情况
1				
2				
3				
4				
5				

四、交底答疑

各小组对本组绘制的大样图中存在的问题和产生的原因进行归纳总结，然后汇报，其他小组对汇报情况进行提问和总结，对答疑过程进行评定（表5-4-5）。

表5-4-5 答疑过程评定表

被评价组：	评价人：	
问题	答疑记录	评分（0~10分）
教师评议：		

总分：

各小组交底答疑结束后，教师对各小组交底答疑情况进行总结，对疑惑之处进行解答，然后对各组进行点评。

工学活动五 工作总结与评价

一、反馈交底效果

施工员根据交底记录向项目部反馈交底效果，并形成记录（表5-5-1）。

表5-5-1 交底反馈表

交底内容	交底效果

二、展示与评价

（一）学生自评及小组互评（表5-5-2）

将制作好的板钢筋构件模型进行分组展示，再由小组选派代表进行介绍。在此过程中，以小组为单位，对成品进行学生自评与小组互评。

表 5-5-2　学生自评及小组互评表

班级：　　　姓名：　　　学号：　　　日期：										
序号	评价项目	评价标准（A、B、C、D）	学生自评结果				小组互评结果			
			A	B	C	D	A	B	C	D
1	预习准备情况	完成□　大部分完成□ 大部分未做□　没做□								
2	资料收集水平	好□　较好□　一般□　差□								
3	与老师同学沟通情况	好□　较好□　一般□ 存在较大的问题□								
4	与同学协作情况	好□　较好□　一般□ 存在较大的问题□								
5	做事主动性	好□　较好□　一般□　差□								
6	做事态度	好□　较好□　一般□　差□								
7	技术方法运用情况	好□　较好□　一般□ 存在较大的问题□								
8	任务是否完成	较快完成□　　完成□ 大部分完成□　大部分未完成□								
9	7S执行情况	好□　较好□　一般□ 存在较大的问题□								
10	创新情况	好□　较好□　一般□　无□								
等级		A（7个以上A，无D） B（6个以上A） C（4个以上A，无D） D（3个以内D）	学生自评				小组互评			

（二）评价总结

评价完成后，根据其他组成员对本组展示成果的反馈建议进行归纳总结。

（三）教师评价（表 5-5-3）

1. 点评各小组任务完成情况。

2. 对任务完成过程中各组的典型性问题做出点评，并提出改进建议。

3. 对任务完成过程中出现的亮点做出点评。

表 5-5-3 教师评价表

序号	评价项目	评价标准	分值	评价结果			
				很好	好	一般	差
				9～10	7～8	5～6	0～4
1	职业素养	劳动保护用品穿戴完备，仪容仪表符合工作要求；安全意识、责任意识、服从意识强					
2		积极参加教学活动，按时完成各项学习任务					
3		团队合作意识强，善于与人交流和沟通					
4		自觉遵守劳动纪律，尊敬师长，团结同学					
5		爱护公物，节约材料，管理现场符合 6S 标准					
6	专业能力	交底工作单填写正确					
7		板结构施工图内容要素一览表填写完整					
8		板结构施工图交底工作方案可行性					
9	工作成果	根据丈量数据与图纸原始数据比对情况，分析误差原因，提出改进建议					
10		工作总结符合要求，交底图记录填写质量高					
等级	75～89 好		60～74 一般		59 以下 差	综合得分	
整体效果							
主要不足							
改进建议							

学习任务六　剪力墙结构施工图交底

工学活动一　获取剪力墙结构施工图交底信息

一、领取任务

领取 12.270～30.270 标高的剪力墙平法施工图（图 6-1-1）图纸、剪力墙结构施工图交底记录表，明确任务要求，确定关键词，划出交底重点、难点。通过查阅书籍或者其他资料，完成以下任务。

1. 什么是剪力墙的平面注写方式？

2. 以小组为单位讨论剪力墙结构施工图交底包括哪些内容。

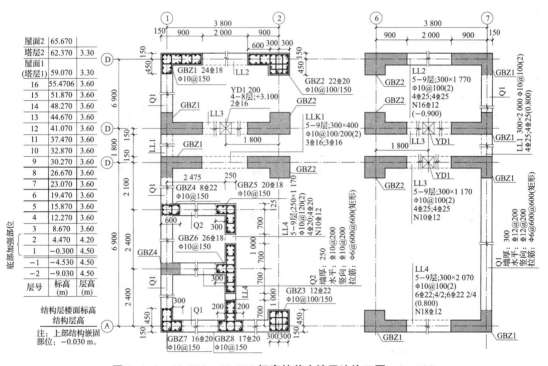

图 6-1-1　12.270～30.270 标高的剪力墙平法施工图　1:100

二、初读剪力墙结构施工图

施工员领取剪力墙结构施工图，复述任务要求。

每组成员先独立阅读 12.270～30.270 标高的剪力墙平法施工图，然后罗列剪力墙平法施工图中所包含的内容，并根据教师的点评和引导对信息进行完善，形成书面学习纪要（表 6-1-1）。

表 6-1-1 剪力墙结构施工图交底记录表

楼栋号			楼层号	
墙柱编号				
墙梁编号				
墙身编号				
日期				
纪要内容：				
施工员		小组长		成员	

工学活动二 制订剪力墙结构施工图交底计划

一、钢筋混凝土剪力墙平法施工图识读的顺序

结合本工程结构施工图，查阅相关资料，并将表 6-2-1 中的"识图步骤"进行排序。

表 6-2-1 剪力墙平法施工图识图步骤排序表

序号	识图步骤
1	结构层楼面标高、结构层高与层号
2	图号、图名和比例
3	必要的设计详图和说明
4	墙柱：墙柱编号、尺寸、配筋和起止标高
5	墙身：墙身编号、尺寸、配筋和起止标高
6	定位轴线及其编号、间距尺寸
7	墙梁：墙梁的编号、所在楼层号、墙梁顶面标高高差、尺寸及配筋
正确顺序：	

二、制作剪力墙信息一览表

独立查阅《22G101-1》中的剪力墙平法施工图制图规则，根据所学内容，以小组为单位完善教师指定的剪力墙墙身（墙梁、墙柱、洞口）信息表（表6-2-2～表6-2-5）。

表6-2-2 剪力墙墙身信息表

序号	墙身表内容	剪力墙墙身——＿＿＿信息
1	墙身编号	
2	标高	
3	墙厚	
4	水平分布筋	
5	垂直分布筋	
6	拉筋	

表6-2-3 剪力墙墙梁信息表

序号	墙梁表内容	剪力墙墙梁——＿＿＿信息
1	编号	
2	所在楼层号	
3	梁顶相对标高高差/m	
4	梁截面尺寸	
5	上部纵筋	
6	下部纵筋	
7	箍筋	

表6-2-4 剪力墙墙柱信息表

序号	墙柱表内容	剪力墙墙柱——＿＿＿信息
1	截面	
2	编号	
3	标高	
4	纵筋	
5	箍筋	

表 6-2-5 剪力墙洞口信息表

序号	剪力墙洞口标注内容	剪力墙洞口——_____信息
1	洞口编号	
2	洞口几何尺寸	
3	洞口中心相对标高	
4	洞口每边补强钢筋	

三、确定剪力墙结构施工图交底工作方案

学生通过学习剪力墙结构施工图，获取重要信息，依据交底流程及交底内容，结合学习情况及动手能力，自主分配任务，形成剪力墙交底方案（表 6-2-6）。

表 6-2-6 剪力墙结构施工图交底方案记录表

交底任务名称		交底日期	
记录人		班级	
小组成员			
项目名称	方案步骤		
获取剪力墙信息的步骤			
剪力墙结构施工图交底信息表的制作及完善			

工学活动三 审核并实施剪力墙结构施工图交底计划

一、审核剪力墙结构施工图交底计划

1. 学生以小组为单位对本组拟定好的工作方案和交底计划进行理由陈述，其他各小组给出合理建议，教师对各小组的工作方案和交底计划进行点评并给出修改意见（表6-3-1）。

表6-3-1 剪力墙结构施工图交底计划审核表

班级		小组		组长	
讲解		记录员			
组员					
序号	计划内容	是否合理	小组修改意见	教师修改意见	备注
1	获取剪力墙信息的步骤				
2	剪力墙施工图交底信息表				
3	剪力墙交底方案				

2. 各小组根据教师及学生意见进行小组讨论并修改计划，制订一份工作任务现场看板。

二、实施剪力墙结构施工图交底

分小组进行剪力墙施工图交底。模拟施工现场，小组内采用角色扮演的形式（一方为施工员，另一方为钢筋班组）完成下列工作。

1. 本次交底的为12.270～30.270标高的剪力墙平法施工图，各小组分别以教师指定的该层平面图中某墙身（墙梁、墙柱、洞口）为交底对象，由项目施工员根据已完善的交底方案及剪力墙平法施工图，向钢筋班组逐一交底陈述该剪力墙平法施工图中所表达的内容。

2. 交底完成后，由小组内钢筋班组成员整理交底内容，形成剪力墙结构施工图交底施工员记录表（表6-3-2）。

3. 施工员检查钢筋班组记录表是否准确完整，检查合格后双方签字。

表 6-3-2　剪力墙结构施工图交底施工员记录表

交底任务名称		交底日期	
记录人		班级	
小组			

交底内容：_____信息表

墙身	
墙梁	
墙柱	
洞口	

审核人		交底人		被交底人	

工学活动四　交底过程控制

一、检查剪力墙交底记录表

以小组为单位，检查各小组的交底记录表，将检查结果记录在表 6-4-1 中，并进行展示。

表 6-4-1　剪力墙交底记录检查表

交底内容	交底记录	存在问题	分析原因	整改结果

二、交底答疑

各小组对本组完成的交底记录中存在的问题和产生的原因进行归纳总结，然后汇报，其他小组对汇报情况进行提问和总结，对答疑过程进行评定（表6-4-2）。

表6-4-2 答疑过程评定表

被评价组：	评价人：	
问题	答疑记录	评分（0～10分）
教师评议：		

总分：

各小组交底答疑结束后，教师对各小组交底答疑情况进行总结，对疑惑之处进行解答，然后对各组进行点评。

工学活动五　工作总结与评价

一、反馈交底效果

施工员根据交底记录向项目部反馈交底效果，并形成记录（表6-5-1）。

表6-5-1 交底反馈表

交底内容	交底效果

二、展示与评价

（一）学生自评及小组互评（表6-5-2）

将制作好的剪力墙交底记录展板进行分组展示，再由小组选派代表进行介绍。在此过程中，以小组为单位，对展示内容进行学生自评与小组互评。

表 6-5-2　学生自评及小组互评表

班级：　　　　姓名：　　　　　学号：　　　　　　日期：										
序号	评价项目	评价标准（A、B、C、D）	学生自评结果				小组互评结果			
			A	B	C	D	A	B	C	D
1	预习准备情况	完成□　大部分完成□ 大部分未做□　没做□								
2	资料收集水平	好□　较好□　一般□　差□								
3	与老师同学沟通情况	好□　较好□　一般□ 存在较大的问题□								
4	与同学协作情况	好□　较好□　一般□ 存在较大的问题□								
5	做事主动性	好□　较好□　一般□　差□								
6	做事态度	好□　较好□　一般□　差□								
7	技术方法运用情况	好□　较好□　一般□ 存在较大的问题□								
8	任务是否完成	较快完成□　　完成□ 大部分完成□　大部分未完成□								
9	7S 执行情况	好□　较好□　一般□ 存在较大的问题□								
10	创新情况	好□　较好□　一般□　无□								
等级		A（7个以上 A，无 D） B（6个以上 A） C（4个以上 A，无 D） D（3个以内 D）	学生自评				小组互评			

（二）评价总结

评价完成后，根据其他组成员对本组展示成果的反馈建议进行归纳总结。

（三）教师评价（表 6-5-3）

1. 点评各小组任务完成情况。

2. 对任务完成过程中各组的典型性问题做出点评，并提出改进建议。

3. 对任务完成过程中出现的亮点做出点评。

表 6-5-3 教师评价表

序号	评价项目	评价标准	分值	评价结果			
				很好	好	一般	差
				9~10	7~8	5~6	0~4
1	职业素养	劳动保护用品穿戴完备，仪容仪表符合工作要求；安全意识、责任意识、服从意识强					
2		积极参加教学活动，按时完成各项学习任务					
3		团队合作意识强，善于与人交流和沟通					
4		自觉遵守劳动纪律，尊敬师长，团结同学					
5		爱护公物，节约材料，管理现场符合 6S 标准					
6	专业能力	交底工作单填写正确					
7		剪力墙结构施工图内容要素一览表填写完整					
8		剪力墙结构施工图交底工作方案具有可行性					
9	工作成果	根据丈量数据与图纸原始数据比对情况，分析误差原因，提出改进建议					
10		工作总结符合要求，交底图记录填写质量高					

等级	75~89 好	60~74 一般	59 以下 差	综合得分	

整体效果	
主要不足	
改进建议	

学习任务七　楼梯结构施工图交底

工学活动一　获取楼梯结构施工图交底信息

一. 领取任务

领取 −0.860～5.570 标高的各层楼梯平面图（图 7-1-1）之一、−0.860～5.570 标高的楼梯剖面图（图 7-1-2）图纸及《楼梯结构施工图交底工作单》，明确任务要求，确定关键词，划出交底重点、难点。通过查阅书籍或者其他资料，回答下列问题。

1. 什么是楼梯的平面注写方式和剖面注写方式?

2. 以小组为单位讨论楼梯结构施工图交底包括的内容。

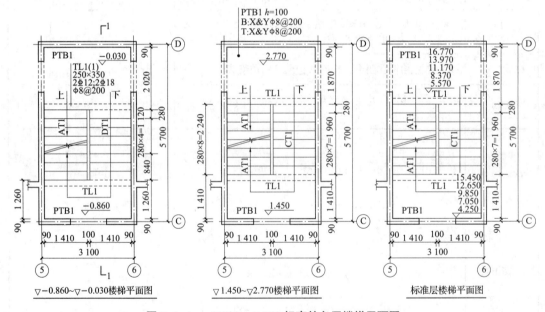

图 7-1-1　−0.860～5.570 标高的各层楼梯平面图

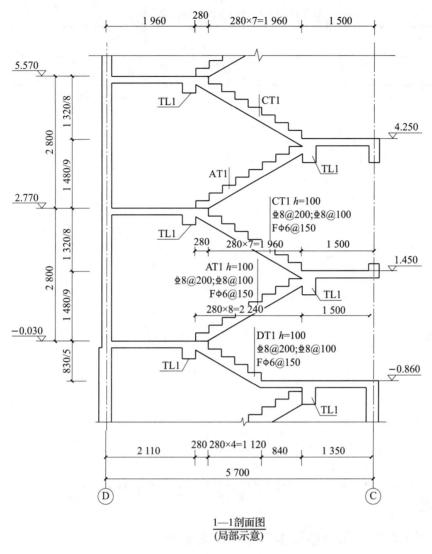

1—1剖面图
(局部示意)

图 7-1-2   -0.860~5.570 标高的楼梯剖面图

二、初读楼梯结构施工图

施工员领取楼梯结构施工图，复述任务要求。

各小组成员先独立阅读 -0.860~5.570 标高的楼梯结构平面和剖面施工图，然后罗列楼梯结构施工图中所包含的内容，并根据教师的点评和引导对信息进行完善，形成书面学习纪要（表 7-1-1）。

表 7-1-1　楼梯结构施工图交底记录表

楼栋号		轴线范围	
楼梯编号		日期	
纪要内容：			
施工员		小组长		成员	

工学活动二　制订楼梯结构施工图交底计划

一、钢筋混凝土楼梯结构施工图识读的顺序

结合本工程结构施工图，查阅相关资料，并将表 7-2-1 中的"识图步骤"进行排序。

表 7-2-1　楼梯结构施工图识图步骤排序表

序号	识图步骤
1	结构层楼面标高、层间结构标高、结构层高与层号
2	图号、图名和比例
3	必要的设计详图和说明
4	定位轴线及其编号、间距尺寸
5	楼梯平法标注：梯板、梯梁和梯柱的编号、尺寸、配筋和平台板面标高高差；平面图和剖面图对照着看
正确顺序：	

二、获取楼梯集中标注内容（图7-2-1）

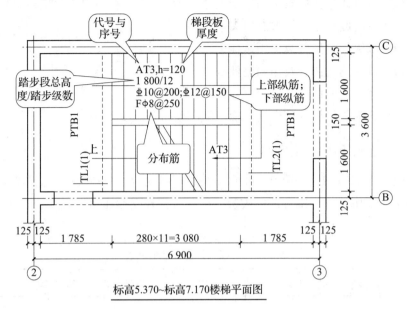

标高5.370~标高7.170楼梯平面图

图 7-2-1　集中标注示例

独立查阅《混凝土结构施工图平面整体表示方法制图规则和构造详图（现浇混凝土板式楼梯）》（以下简称《22G101-2》）中第9～11页，关于现浇板式楼梯平法施工图制图规则的内容。填写表7-2-2中楼梯梯板集中标注的信息（五项必注值）（表7-2-2），并回答下列问题。

表 7-2-2　楼梯梯板集中标注信息表

序号	集中标注内容	梯板—AT3 集中标注信息
1	梯板编号	
2	梯板厚度	
3	踏步段总高度 / 踏步级数	
4	上部纵筋、下部纵筋	
5	梯板分布筋	

（1）梯板类型（AT~ET）是如何判断的？

（2）梯板厚度具体是指梯段中的哪个尺寸？

（3）踏步段总高度与踏步级数有何关系？

（4）梯板上部纵筋的位置及作用是什么？

（5）梯板下部纵筋的位置及作用是什么？

（6）梯板分布钢筋的位置及作用是什么？

（7）梯板分布筋与梯板上部纵筋、梯板下部纵筋有何联系？

三、获取楼梯外围标注内容

独立查阅《22G101-2》中第9~11页，关于现浇混凝土板式楼梯施工图制图规则的内容，识读图7-1-2中楼梯外围标注的内容。填写楼梯外围标注信息表（表7-2-3）并回答以下问题。

表 7-2-3　楼梯外围标注信息表

序号	外围标注内容	楼梯的外围标注信息
1	楼梯间平面尺寸	
2	梯板的水平及竖向几何尺寸	
3	楼层结构标高 层间结构标高	
4	平台板、梯梁、梯柱编号	
5	平台板配筋 梯梁、梯柱配筋	
6	楼梯上下行方向	

（1）对照楼梯平面图和截面图，找到每根梯梁、梯柱和每块平台板，把它们在平面图和剖面图中的位置一一对应起来。

（2）叙述该楼梯梯板荷载的传力路径。

四、制作楼梯信息一览表

识读楼梯结构施工图，以小组为单位完善教师指定的某层现浇板式楼梯的信息表（表7-2-4）。

表 7-2-4　楼梯信息表

	序号	标高_____ ～ _____ 楼梯信息表	
集中标注	1		
	2		
	3		
	4		
	5		
外围标注	1		
	2		
	3		
	4		
	5		
	6		

五、确定楼梯结构施工图交底工作方案

学生通过学习楼梯结构施工图，获取重要信息，依据交底流程及交底内容，结合学习情况及动手能力，自主分配任务，形成楼梯交底方案（表 7-2-5）。

表 7-2-5　楼梯结构施工图交底方案记录表

交底任务名称		交底日期	
记录人		班级	
小组成员			
项目名称	方案步骤		
获取楼梯信息的步骤			
楼梯结构施工图交底信息表的制作及完善			

工学活动三 审核并实施楼梯结构施工图交底计划

一、审核楼梯结构施工图交底计划

1. 学生以小组为单位对本组拟定好的工作方案和交底计划进行理由陈述，其他各小组给出合理建议，教师对各小组的工作方案和交底计划进行点评并给出修改意见（表7-3-1）。

表 7-3-1 楼梯结构施工图交底计划审核表

班级		小组		组长	
讲解		记录员			
组员					
序号	计划内容	是否合理	小组修改意见	教师修改意见	备注
1	获取楼梯信息的步骤				
2	楼梯施工图交底信息表				
3	楼梯交底方案				

2. 各小组根据教师及同学意见进行小组讨论并修改计划，制订一份工作任务现场看板。

二、实施楼梯结构施工图交底

分小组进行楼梯施工图交底。模拟施工现场，小组内采用角色扮演的形式（一方为施工员，另一方为钢筋班组）完成下列工作。

1. 本次交底的为 –0.860～5.570 标高的楼梯平法施工图，各小组分别以教师指定的某层楼梯平面图和剖面图为交底对象，由项目施工员根据前期已完善的交底方案及楼梯平法施工图，向钢筋班组逐一交底陈述该楼梯平法施工图中所表达的内容。

2. 交底完成后，由小组内钢筋班组成员整理交底内容，形成楼梯结构施工图交底施工员记录表（表7-3-2）。

3. 施工员检查钢筋班组记录表是否准确完整，检查合格后双方签字。

表 7-3-2　楼梯结构施工图交底施工员记录表

交底任务名称		交底日期		
记录人		班级		
小组				
交底内容: 现浇板式楼梯信息表				
集中标注	梯板编号			
	梯板厚度			
	踏步段总高度 / 踏步级数			
	上部纵筋			
	下部纵筋			
	梯板分布筋			
外围标注	楼梯间平面尺寸			
	梯板的水平及竖向几何尺寸			
	楼层结构标高			
	层间结构标高			
	平台板、梯梁、梯柱编号			
	平台板配筋			
	梯梁、梯柱配筋			
	楼梯上下行方向			
审核人		交底人		被交底人

工学活动四　交底过程控制

一、检查楼梯交底记录表

以学习小组为单位，检查各小组的交底记录表，将检查结果记录在表 7-4-1 中，并进行展示。

表 7-4-1　楼梯交底记录检查表

交底内容	交底记录	存在问题	分析原因	整改结果

二、交底答疑

各小组对本组完成的交底记录中存在的问题和产生的原因进行归纳总结，然后汇报，其他小组对汇报情况进行提问和总结，对答疑过程进行评定（表7-4-2）。

表7-4-2 答疑过程评定表

被评价组：	评价人：	
问题	答疑记录	评分（0～10分）
教师评议：		

总分：

各小组交底答疑结束后，教师对各小组交底答疑情况进行总结，对疑惑之处进行解答，然后对各组进行点评。

工学活动五　工作总结与评价

一、反馈交底效果

施工员根据交底记录向项目部反馈交底效果，并形成记录（表7-5-1）。

表7-5-1 交底反馈表

交底内容	交底效果

二、展示与评价

（一）学生自评及小组互评（表7-5-2）

将制作好的楼梯梯板构件模型进行分组展示，再由小组选派代表进行介绍。在此过程中，以小组为单位，对成品进行学生自评与小组互评。

表7-5-2　学生自评及小组互评表

班级：		姓名：	学号：				日期：			
序号	评价项目	评价标准（A、B、C、D）	学生自评结果				小组互评结果			
			A	B	C	D	A	B	C	D
1	预习准备情况	完成□　大部分完成□　大部分未做□　没做□								
2	资料收集水平	好□　较好□　一般□　差□								
3	与老师同学沟通情况	好□　较好□　一般□　存在较大的问题□								
4	与同学协作情况	好□　较好□　一般□　存在较大的问题□								
5	做事主动性	好□　较好□　一般□　差□								
6	做事态度	好□　较好□　一般□　差□								
7	技术方法运用情况	好□　较好□　一般□　存在较大的问题□								
8	任务是否完成	较快完成□　完成□　大部分完成□　大部分未完成□								
9	7S执行情况	好□　较好□　一般□　存在较大的问题□								
10	创新情况	好□　较好□　一般□　无□								
	等级	A（7个以上A，无D） B（6个以上A） C（4个以上A，无D） D（3个以内D）	学生自评				小组互评			

（二）评价总结

评价完成后，根据其他组成员对本组展示成果的反馈建议进行归纳总结。

（三）教师评价（表7-5-3）

1. 点评各小组任务完成情况。

2. 对任务完成过程中各组的典型性问题做出点评，并提出改进建议。

3. 对任务完成过程中出现的亮点做出点评。

表 7-5-3　教师评价表

序号	评价项目	评价标准	分值	评价结果			
				很好	好	一般	差
				9~10	7~8	5~6	0~4
1	职业素养	劳动保护用品穿戴完备，仪容仪表符合工作要求；安全意识、责任意识、服从意识强					
2		积极参加教学活动，按时完成各项学习任务					
3		团队合作意识强，善于与人交流和沟通					
4		自觉遵守劳动纪律，尊敬师长，团结同学					
5		爱护公物，节约材料，管理现场符合6S标准					
6	专业能力	交底工作单填写正确					
7		板式楼梯结构施工图内容要素一览表填写完整					
8		板式楼梯结构施工图交底工作方案具有可行性					
9	工作成果	根据丈量数据与图纸原始数据比对情况，分析误差原因，提出改进建议					
10		工作总结符合要求，交底图记录填写质量高					
等级	75~89 好		60~74 一般	59以下 差	综合得分		
整体效果							
主要不足							
改进建议